クラウドネイティブセキュリティ入門

澤橋松王、岩上隆志、小林弘典、
小幡学、関克隆 著

C&R研究所

■権利について

- 本書に記述されている社名・製品名などは、一般に各社の商標または登録商標です。
- 本書では™、©、®は割愛しています。

■本書の内容について

- 本書は著者・編集者が実際に操作した結果を慎重に検討し、著述・編集しています。ただし、本書の記述内容に関わる運用結果にまつわるあらゆる損害・障害につきましては、責任を負いませんのであらかじめご了承ください。
- 本書は2021年5月現在の情報で記述しています。

●本書の内容についてのお問い合わせについて

この度はC&R研究所の書籍をお買いあげいただきましてありがとうございます。本書の内容に関するお問い合わせは、「書名」「該当するページ番号」「返信先」を必ず明記の上、C&R研究所のホームページ(https://www.c-r.com/)の右上の「お問い合わせ」をクリックし、専用フォームからお送りいただくか、FAXまたは郵送で次の宛先までお送りください。お電話でのお問い合わせや本書の内容とは直接的に関係のない事柄に関するご質問にはお答えできませんので、あらかじめご了承ください。

〒950-3122 新潟県新潟市北区西名目所4083-6　株式会社 C&R研究所　編集部
FAX 025-258-2801
『クラウドネイティブセキュリティ入門』サポート係

はじめに

いま、IT業界では数十年に一度のパラダイムシフトの真っ只中におり、コンテナ技術の活用が本格的な段階に入っています。コンテナ技術を活用したクラウドネイティブアプリケーションは、超高速開発を実現し、取引先や消費者に魅力あるアプリケーションを提供し続けています。

これまでのサーバー技術では、インフラストラクチャーとアプリケーションが密接に連携して作動していました。サーバーという1つの箱のなかで、アプリケーション、ミドルウェア、オペレーティングシステムが混在となって稼働していました。

このため、運用チームがオペレーティングシステムにパッチを適用すると、アプリケーションに不具合が発生することも多々ありました。

逆に、アプリケーション側で最新のライブラリを活用したくても、オペレーティングシステムを管理している運用チームと共同でアップグレード作業を実施しなければなりませんでした。

コンテナは、アプリケーションとミドルウェアをサーバーから切り離し、インフラストラクチャーから独立してアプリケーション開発を行えるようになる画期的な技術です。コンテナ技術を活用することで、これまでにないスピードで開発を行っていくことが可能となります。

コンテナ技術を積極的に活用し、クラウドで稼働することを前提にシステム設計を行い、運用していくITの利用モデルを、クラウドネイティブコンピューティングと呼んでいます。クラウドネイティブアプリケーションとコンテナ技術は、これまでのサーバー技術の延長線上にはない、まったく新しい概念であり、セキュリティの脅威も対策も自ずと異なってきます。

本書は、サーバー時代に築き上げたセキュリティ対策が、クラウドネイティブ時代にはそぐわなくなっている実態について解明していきます。そして、コンテナ技術を活用したクラウドネイティブアプリケーションに最適なセキュリティ対策を解説していきます。

本書を活用いただくことで、安心、安全に、コンテナ技術を実装し、クラウドネイティブアプリケーションを存分に開発、展開していくことができるようになります。

2021年5月

著者を代表して
澤橋松王

本書について

本書の構成

本書は、次の章から構成されています。

- CHAPTER01：クラウドネイティブコンピューティングに関連する基礎用語
- CHAPTER02：クラウドネイティブ技術とは
- CHAPTER03：クラウドネイティブにおけるセキュリティの脅威
- CHAPTER04：クラウドネイティブセキュリティ対策――技術編
- CHAPTER05：クラウドネイティブセキュリティ対策――プロセス編
- CHAPTER06：クラウドネイティブセキュリティ対策――組織編
- CHAPTER07：プラットフォームのセキュリティ対策

CHAPTER01「クラウドネイティブコンピューティングに関連する基礎用語」では、本書をお読みいただく上で必要な、クラウドネイティブコンピューティングに関連する基礎用語について解説します。

CHAPTER02「クラウドネイティブ技術とは」では、クラウドネイティブ技術に関する概要を解説します。コンテナ、マイクロサービス、サービスメッシュ、イミュータブルインフラストラクチャ、宣言型APIといったクラウドネイティブ技術の基礎と、KubernetesやOpenShiftといったクラウドネイティブコンピューティングに欠かせないプラットホームの概要を説明します。

CHAPTER03「クラウドネイティブにおけるセキュリティの脅威」では、クラウドネイティブコンピューティングにおける、脅威や脆弱性といったセキュリティのリスクを解説します。大きく4つのレイヤー(クラウド、クラスター、コンテナ、コード)に分けて、それぞれのレイヤーで生じるリスクを説明します。

CHAPTER04「クラウドネイティブセキュリティ対策 - 技術編」では、クラウドネイティブの特徴である「ハイブリッドクラウド」「イミュータブルインフラストラクチャ」「コンテナ」「宣言型API」「マイクロサービス」に係るセキュリティ対策について概説します。

CHAPTER05「クラウドネイティブセキュリティ対策 - プロセス編」では、クラウドネイティブコンピューティングを実現するために必要なプロセスについて解説します。開発、運用、セキュリティの3つのプロセスをどのように融合させていけばよいか説明します。

CHAPTER06「クラウドネイティブセキュリティ対策 - 組織編」では、CHAPTER05で解説するプロセスを回すために必要な組織構造と文化について解説します。

CHAPTER07「プラットフォームのセキュリティ対策」では、クラウドネイティブコンピューティングを支えるクラウドや、Kubernetes、OpenShiftなどのプラットフォームのセキュリティ実装を解説しながら、適切なセキュリティ対策の考え方を説明します。

対象読者について

本書は、次のような読者に向けて構成されています。

- IT部門リーダー層
- セキュリティ管理者、セキュリティ担当者
- ITエンジニア

目次 contents

CHAPTER-01
クラウドネイティブコンピューティングに関連する基礎用語

CHAPTER-02
クラウドネイティブの概要

CHAPTER-03
クラウドネイティブにおけるセキュリティ脅威

CHAPTER-04
クラウドネイティブセキュリティ対策──技術編

CHAPTER-05
クラウドネイティブセキュリティ対策 ――プロセス編

CHAPTER-06
クラウドネイティブセキュリティ対策――組織編

CHAPTER-07

プラットフォームのセキュリティ対策

CHAPTER 01

クラウドネイティブコンピューティングに関連する基礎用語

本章の概要

CHAPTER 02以降をお読みになる際に前提知識として必要な、クラウドネイティブコンピューティングに関連する基礎用語について、解説します。

SECTION-01
サーバー技術とコンテナ技術の違い

コンテナには、サーバーと違った特性がいくつもあります。たとえば、IPアドレスはコンテナを起動するたびに新しく割り当てられます。コンテナを停止すると、コンテナ内部に存在していた一切のデータは消滅します。コンテナを構築するには、導入手順に従った手作業ではなく、コンテナビルド用のスクリプトを記述します。コンテナに不具合があって修正したい場合は、コンテナにログインして修正するのではなく、コンテナビルド用スクリプトを修正して再作成します。

コンテナ技術の詳細については、次の章で説明します。

SECTION-02

Infrastructure as Code(IaC)とは

　これまでサーバーを構築する際は、オペレーティングシステムやミドルウェアなどのソフトウェアの導入と設定を手作業で行ってきました。手作業の生産性や品質を向上させるために「手順書」を活用していました。しかし、実際は、手順書に漏れがあったり、手順書通りに作業を行わずエラーとなることもありました。ミスやエラーを防止するために、さまざまな確認手順が追加されていき、最終的には何ページにもおよぶ巨大な手順書になってしまうケースがあるとよく聞きます。肥大化した手順書のメンテナンスはなかなか難しく、冗長なステップを削除しようにも怖くてできなくなります。

　現在では、AnsibleやChefのような**構成管理ソフトウェア**を利用することで、自動的に導入や設定作業を行えるようになっています。構成管理ソフトウェアを利用する際は、事前にサーバーの設定状態を表すスクリプトを記述します。これらのツールは初期セットアップだけでなく、パッチ適用やディレクトリの作成などのシステム変更にも利用できます。スクリプトは一度記述すれば、誰が何度実行しても、同じ結果が得られます。

　Infrastructure as Code(IaC)とは、このような構成管理ソフトウェアを活用して、インフラストラクチャーの導入やシステム変更作業をスクリプト、すなわちコードで実現する考え方のことを表しています。コンテナの代表的なプラットホームである、KubernetesやOpenShiftは、IaCの考えに沿って設計されており、すべてのシステム変更作業はスクリプトを定義して実行することによって行われます。

クラウドネイティブアプリケーション

クラウドネイティブアプリケーションとは、システムの設計当初から、クラウドを前提とした設計を行うアプリケーションのことです。クラウドは、可用性、拡張性、柔軟性といった非機能要件が、オンプレミス環境とは明らかに異なっています。

クラウドネイティブアプリケーションは、インフラストラクチャーの故障を前提としたシステム設計を行います。これを**Failure by Design**、あるいは**Design for Failure**と呼んでいます。故障前提のシステムですね。

これまでのオンプレミス環境では、サーバーを二重化するなどの高可用設計を施すことによって、アプリケーションの可用性を高めてきました。クラウドではこの考え方で設計するとサービスの可用性を担保できないため、故障前提設計が必要となってくるのです。

クラウドネイティブアプリケーションは、インフラストラクチャーの非機能要件をアプリケーションサイドで吸収しようとします。

このクラウドネイティブアプリケーションの故障前提の考え方は、コンテナ技術の特性を考えると、大変よく適合することがわかります。

SECTION-04

SoRとSoEとは

SoR/SoEの概念は、マーケティング業界で有名な書籍『キャズム』を記したジェフリー・ムーア氏が2011年に提唱して広まった、システムの分類です。

会計、生産管理などのビジネスの事象を記録するシステムは**System of Record(SoR)**と呼ばれます。

これに対して、ビジネス上で関わる人々との関係まで拡張したシステムを**System of Engagement(SoE)**と呼ばれます。

ざっくり、従来型の基幹系業務システムはSoR、顧客や取引先とのやり取りに使用するシステムはSoEに分類できます。

SoRシステムは社内システムのため、あまり変更はないと思います。SoEシステムは顧客に対して魅力ある画面を提供し続けたり、変化するビジネスニーズによって取引先が入れ替わったり、とシステムの変更が頻繁に発生します。

SoEシステムはクラウドネイティブアプリケーションに適合しやすいといえるでしょう。

SECTION-05

超高速開発

クラウドネイティブアプリケーションが生まれてきた背景には、**超高速開発**へのニーズがあります。取引先、あるいは消費者向けに魅力あるアプリケーションを届け続けるためには、開発期間の短縮とリリース作業の高速化が必要となります。開発期間を短縮するだけでは十分ではなく、それをインフラストラクチャーにいかに迅速に、安全に、繰り返し高頻度でリリースできるようにするための仕組みが必要です。

これをサーバー技術で行おうとすると大変です。まず開発着手にあたって、開発環境を構築する必要があります。運用チームに依頼しても環境一式が手に入るには、数週間必要です。リリース作業は運用チームに依頼し、慎重に変更プロセスを回して、ようやくリリースできます。

コンテナ技術を活用すれば、環境準備もリリース作業も開発チームだけで行うことが可能です。コンテナの特性で説明したとおり、インフラストラクチャーに影響することなく、コンテナを作成、起動、運転することができるためです。

SECTION-06

クラウドネイティブ運用とは

オンプレミスデータセンターで稼働している本番環境のシステムは、できるだけ変更したくありませんでした。バグや、変更計画のミス、作業ミスなどによってシステムが障害となりサービスが停止するリスクを回避するのが1つの理由でした。プログラムを変更する際は、テスト環境でさまざまなテストケースを通し、QA環境でもテストを繰り返し、ようやく本番環境へリリースしていました。

システム変更を行う際も、事前に変更申請を提出し、変更管理委員会でレビューを受け、承認されないと実行できないようにプロセスで保護していました。アプリケーションの更新頻度が年単位であったシステムであれば、このような重厚長大なプロセスでも問題はありませんでした。

しかし、超高速開発を必要とするリリース頻度が高いクラウドネイティブアプリケーションの場合、このようなプロセスではスピードと柔軟性を奪ってしまいます。

まずプログラム変更からテストまでの一連の開発プロセスを自動化する必要があります。これには**CI/CD(Continuous Integration:継続的インテグレーション/Continuous Delivery:継続的デリバリ)**という考え方を適用します。CI/CDでは、コードを変更してからテスト、リリース作業までの一連のプロセスをパイプラインを通すように自動的に行います。

次にインフラストラクチャーの変更も自動的に行えなければなりません。たとえば、リリース作業を見てみると、ロードバランサーの振り分け処理を一時変更して、アクセスが来なくなったアプリケーションサーバーに実行バイナリを配置し、テストを実行し、再びロードバランサーの設定を元に戻す、といった一連の作業が必要です。これを手作業で行っていては効率も上がりませんし、作業ミスが起こるかもしれません。

そこで、IaCの考え方に従って、インフラストラクチャーの変更とテストも、ツールを活用して自動的に行います。

プログラムの変更が実際のインフラストラクチャーに反映するまでの、一連のプロセスが繋がっていて自動化されている必要があります。開発チームと運用チームに分かれていた運用体制にも変化が現れることを示しています。

開発チームのうち、純粋にビジネスロジックやユーザーインタフェースを設計・開発するチームはそのままでも構いませんが、CI/CDやインフラストラクチャーをIaCで運営するチームは、これまでの開発者や運用者とは少し違ったスキルが必要です。プログラマーとしてのスキルとインフラストラクチャースキルの両方が求められます。

最近ではこの領域の技術者を**SREエンジニア**と呼んでいます。**SRE(Site Reliability Engineering)**はGoogle社が提唱したシステム管理とサービス運用の方法論です。SREにはGoogle社自身のプラットホーム運営チームのベストプラクティスが詰まっています。彼らが新しいサービスや機能を高速かつ高品質にリリースできるのも、上記に上げたクラウドネイティブ運用の仕組みと体制があるからこそなのです。

本章のまとめ

コンテナ技術を活用するためには、**これまでと一線を画すセキュリティ対策が必須**です。不変なものを対象としたセキュリティ対策は役に立ちません。サーバーは一度構築したら、一般的にはシステムのライフサイクルである10年前後は維持し続けます。サーバーという実態は不変なものとして取り扱ってきたわけです。たとえば、IPアドレスは変わらない、サーバーを停止してもデータは残る、サーバーが壊れたらバックアップから戻す、といった不変を前提としたシステムに対するセキュリティ対策は役に立たないということです。

本書では、サーバー時代に築き上げたセキュリティ対策が、コンテナ時代にはそぐわなくなっている実態について解明していきます。そして、コンテナ技術を活用したクラウドネイティブアプリケーションに最適なセキュリティ対策を解説します。

CHAPTER 02 クラウドネイティブの概要

本章の概要

本章では、次章以降でクラウドネイティブセキュリティリスクや対策について解説する前に、クラウドネイティブ技術に関する概要を説明します。

SECTION-07

クラウドネイティブ技術について

最も基本的な意味でのクラウドネイティブとは、クラウドコンピューティングサービスを活用してソリューションを設計することだといえます。クラウドネイティブな環境で理想的なシステムアーキテクチャは、回復性が高く、スケーラブルで、システムパフォーマンスを可視化し、インフラストラクチャ内のサービス間の潜在的なボトルネックをそれぞれ管理できることです。

クラウドネイティブ技術の定義についてはいろいろとありますが、現時点で最も引用されているのが、『**Cloud Native Computing Foundation (CNCF)**』におけるクラウドネイティブ技術の下記の定義です。

- **クラウドネイティブ定義**

  URL https://github.com/cncf/toc/blob/master/DEFINITION.md

> クラウドネイティブ技術は、パブリッククラウド、プライベートクラウド、ハイブリッドクラウドなどの近代的でダイナミックな環境において、スケーラブルなアプリケーションを構築および実行するための能力を組織にもたらします。このアプローチの代表例に、コンテナ、サービスメッシュ、マイクロサービス、イミュータブルインフラストラクチャ、および宣言型APIがあります。
>
> これらの手法により、回復性、管理力、および可観測性のある疎結合システムが実現します。これらを堅牢な自動化と組み合わせることで、エンジニアはインパクトのある変更を最小限の労力で頻繁かつ予測どおりに行うことができます。
>
> Cloud Native Computing Foundationは、オープンソースでベンダー中立プロジェクトのエコシステムを育成・維持して、このパラダイムの採用を促進したいと考えてます。私たちは最先端のパターンを民主化し、これらのイノベーションを誰もが利用できるようにします。(上記より引用)

CNCFとは、Linux Foundationの一部として、2015年12月に設立された非営利組織です。さまざまなクラウドネイティブなオープンソースソフトウェア(Open Source Software:OSS)技術・サービスを中心にホストし、OSS開発を促進しています。クラウドネイティブ技術の採用や実装を計画するときに、ベストプラクティスとしてCNCFが公開している2つの文書を紹介します。

Cloud Native Trail Map

　クラウドネイティブなシステムを実装する際の指針（ロードマップ）としてCNCFが公開しているのが『**Cloud Native Trail Map**』です。クラウドネイティブ技術をベースとしたシステムを構築する際には、『Cloud Native Trail Map』を参考に、実装計画を策定することが推奨されています。各組織や環境にあわせて、採用すべきテクノロジーは異なるので柔軟に対応していきます。

●Cloud Native Trail Map

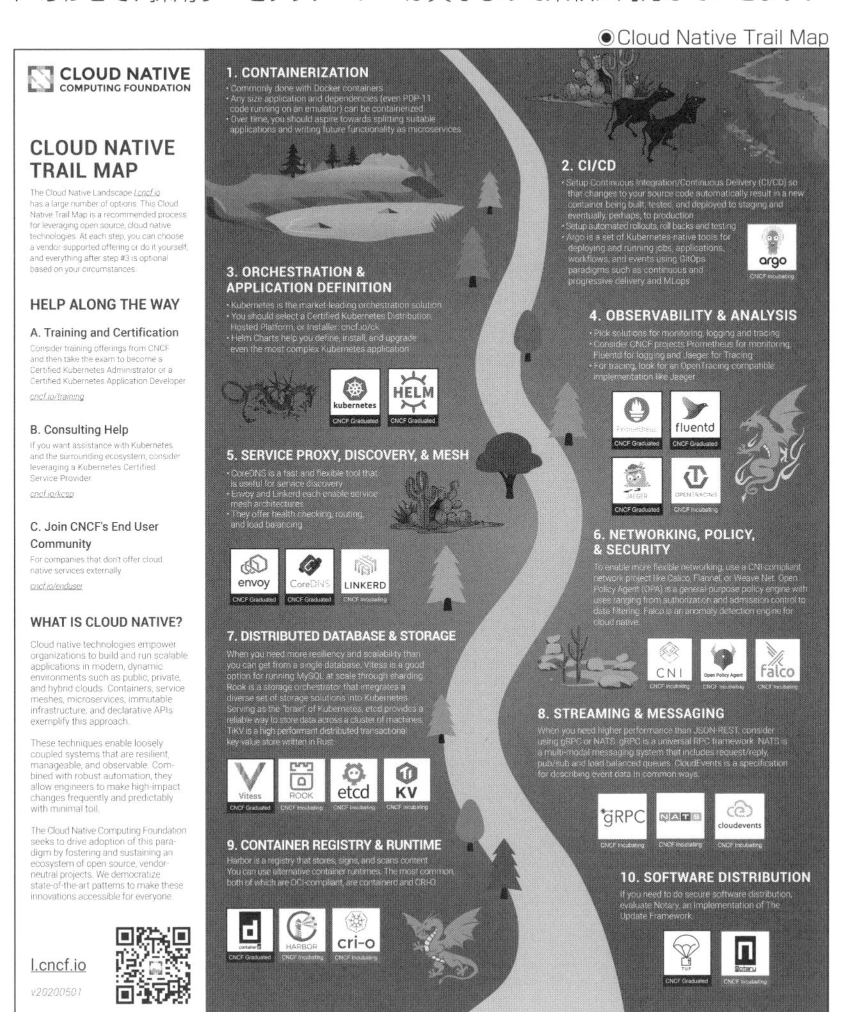

※出典：Cloud Native Trail Map（https://github.com/cncf/trailmap）

Cloud Native Landscape

クラウドネイティブなシステムを実現するOSSや商用プロダクトを俯瞰した図を提供しています。Serverlessの項目は別で用意されているので、別途、参照ください。まずは、Trail Mapとあわせて、各フェーズにおいて自社サービスにもっとも要件にあうOSSやサービスをこちらから選択していくのがよいでしょう。ここでは、執筆時点のものを掲載しておきますが、更新頻度が高いので、下記のリンク先より最新版を確認してください。

●Cloud Native Landscape

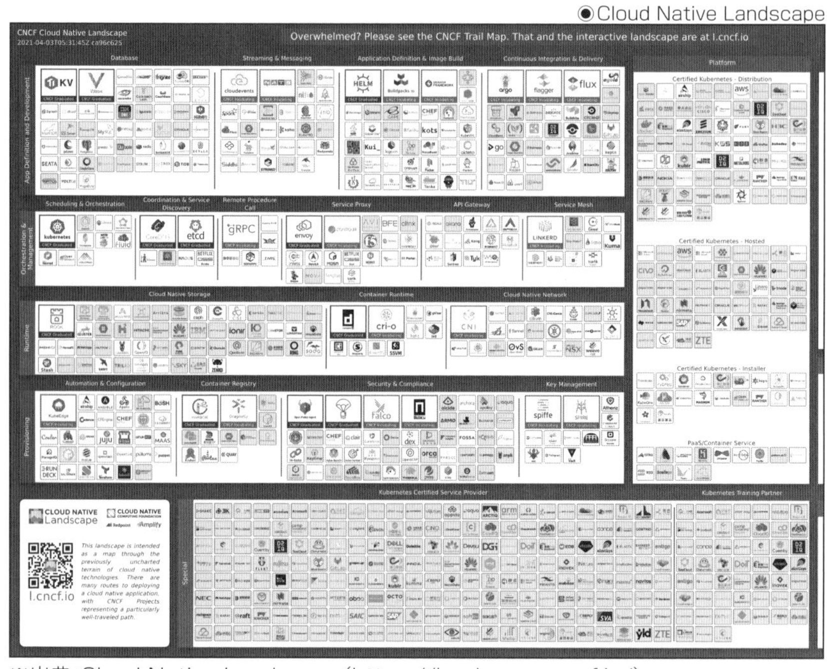

※出典 :Cloud Native Landscape(https://landscape.cncf.io/)

クラウドネイティブとは、単にクラウドサービスを利用することとは異なります。クラウドネイティブであることは、アプリケーション開発・リリースに関するアジリティや柔軟性を持つことを意味しており、単なるテクノロジー利用だけではクラウドネイティブとはいえません。クラウドネイティブであることは、これから解説する技術概要だけでなく、アプリケーション開発から運用にいたるライフサイクル全体において、組織・文化・プロセスまでアジリティや柔軟性を持つことも含まれます。

　これはセキュリティに関しても同様のことがいえます。単にクラウド事業者やベンダーが提供するセキュリティサービスを実装するだけでは、クラウドネイティブセキュリティを実装していることにはなりません。CHAPTER 05以降で説明するDevSecOpsをベースとした組織・文化・プロセスまで幅広く検討する必要があります。

　ここでは、CNCFで定義されているクラウドネイティブ技術の概要について、**コンテナ**、**マイクロサービス**、**サービスメッシュ**、**イミュータブルインフラストラクチャ**、および**宣言型API**を中心に説明します。

SECTION-08

コンテナの特徴について

コンテナは、アプリケーションとその依存関係をパッケージ化して環境間で移動し、変更なしで実行できる標準的な方法を提供します。これにより、アプリケーション実行に必要な依存関係を丸ごとイメージ化し別環境に持ち込めるようにすることで、設定・テストのための作業時間を大幅に削減することができます。ここでは、コンテナ型仮想化技術の特徴を説明します。

サーバー型仮想化とコンテナ型仮想化の違い

コンテナの話をする前に、**サーバー型仮想化**の特徴について説明します。

サーバー型仮想化はハイパーバイザーを使用してハードウェアをエミュレートし、複数のオペレーティングシステム(WindowsまたはLinux)を並列で実行できるようにしています。サーバー型仮想化を実現する代表的なソフトウェアとして、VMwareのESXi、LinuxのKVM、MicrosoftのHyper-Vなどがあります。

次ページの図の左側で、枠で囲った範囲が分離できる区画となります。サーバー型仮想化では、それぞれの区画ごとにOSを動かす必要があります。

これは、区画ごとに異なるOSを利用することが可能で、OSレベルで他の仮想マシンと分離できるというメリットもありますが、その分、プロセッサ、メモリ、ストレージが必要となります。

この方法ではコンテナを使用した場合ほど軽量ではないため、リソースが限られている場合、高密度でデプロイできる軽量なアプリケーションが必要となります。

一方、**コンテナ型仮想化**は同じオペレーティング・システム・カーネルを共有し、アプリケーション・プロセスをシステムの他の部分から独立させます。次ページの図の右側で、枠で囲った範囲が分離できる区画となります。たとえば、x86 Linuxシステムはx86 Linuxコンテナを実行し、x86 Windowsシステムはx86 Windowsコンテナを実行することができます。

サーバー型仮想化のようにゲストOSを介さないため、より軽量な環境が作れます。コンテナは極めて可搬性に優れていますが、基盤システム(カーネル)と互換性がなければ稼働しません。

また、1つのホストOS上で稼働するので、プロセッサやメモリの消費は少なく、ストレージの使用もわずかですが、ホストOSとプロセスやリソースを共有することとなり、ホストOSの状態が、その上で稼働するすべてのコンテナに影響する可能性があります。この点が、コンテナ型アプリケーションに対するセキュリティ対策を検討する際に非常に重要になってきます。

●サーバー型とコンテナと違い

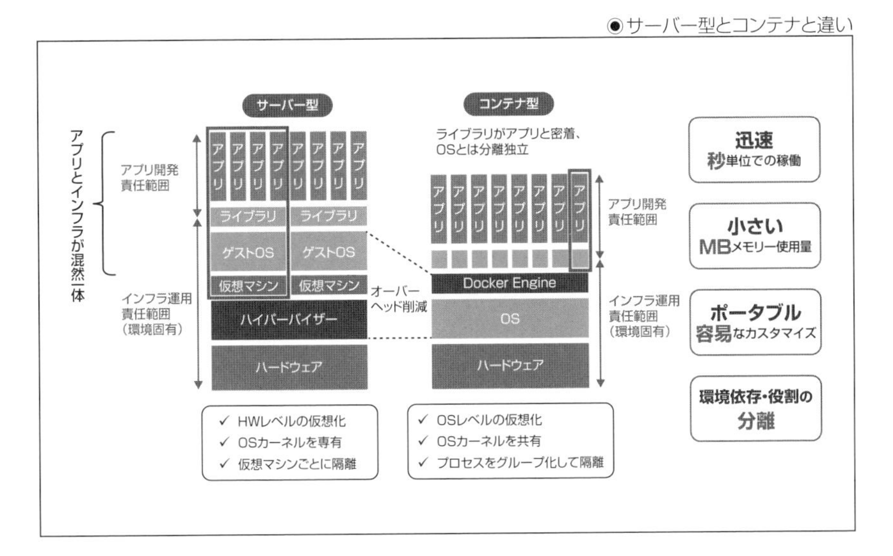

Linuxカーネルについて

ここでは、**Linuxカーネル**について補足します。まず、Linuxとはリーナス・トーバルズが開発したUNIXライクなOSで、「Linux」は、厳密には次の2つの意味で分けることができます。

- 狭義のLinux：Linuxカーネル
- 広義のLinux：Linuxディストリビューション（Linuxカーネルをベースにその他モジュールなどをパッケージしたもの）

Linuxディストリビューションに共通する中心部分（核）が、Linuxカーネルと呼ばれている部分になり、Red Hat Enterprise Linux (RHEL)、Cent OS、Debian、Ubuntuなどのディストリビューションは、このLinuxカーネルをベースに作られています。

Linuxカーネルは、OSの中枢となるソフトウェアで、システム全体のリソースを管理し、ハードウェア・ソフトウェア間のやり取りを管理し、アプリケーションからの要求(システムコール)およびハードウェアからの応答をアプリケーションに連携する役割を担います。Linuxカーネルは、主に次のような機能で構成されています。

- プロセス管理
- プロセス間通信
- メモリ管理
- ファイルシステム
- ネットワーク
- カーネルプリミティブ(基本機能、割り込みなど)

●Linuxカーネルの概要

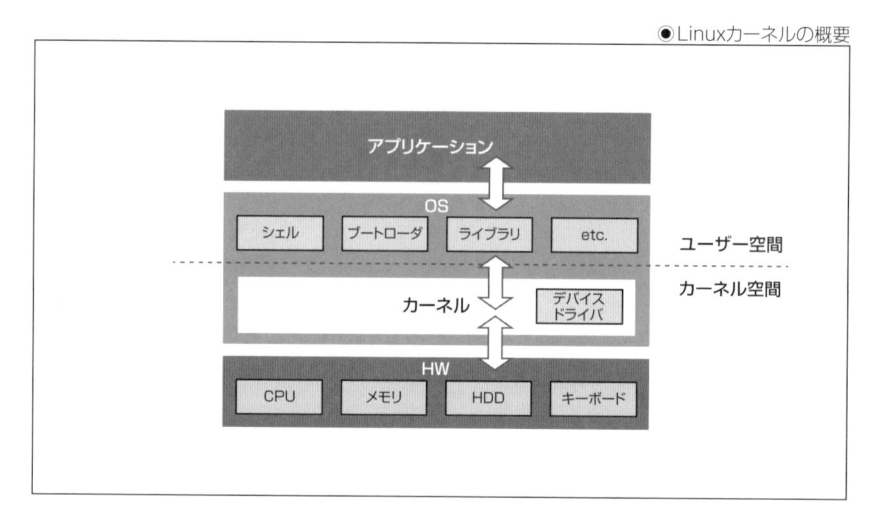

異なるLinuxディストリビューション(CentOSとUbuntu)でもカーネルは同じLinuxカーネルとなるので、差があるのはシェルやアプリケーション実行に関連するライブラリ群とその他のモジュールとなります。したがって、ホストOSにRHELを導入した環境でも、コンテナイメージのベースとなるOSには他のLinuxOS(Ubuntu/CentOS)の稼働に必要となるシェルやライブラリを導入し、ホストOSのカーネルを使ってUbuntu/CentOS環境を実行することができます。

これにより、OS環境との依存関係を切り離し、アプリケーションを実行環境ごとイメージ化し稼働させることができます。

また、コンテナイメージの共通モジュール部分については、コンテナ間で相互利用が可能です。コンテナには稼働に必要な最小限のモジュールしか格納されていないため、通常のサーバー型仮想化の仮想マシンイメージよりはるかに小さいリソースでの稼働が可能となっています。

◉Linuxカーネルを利用した分離

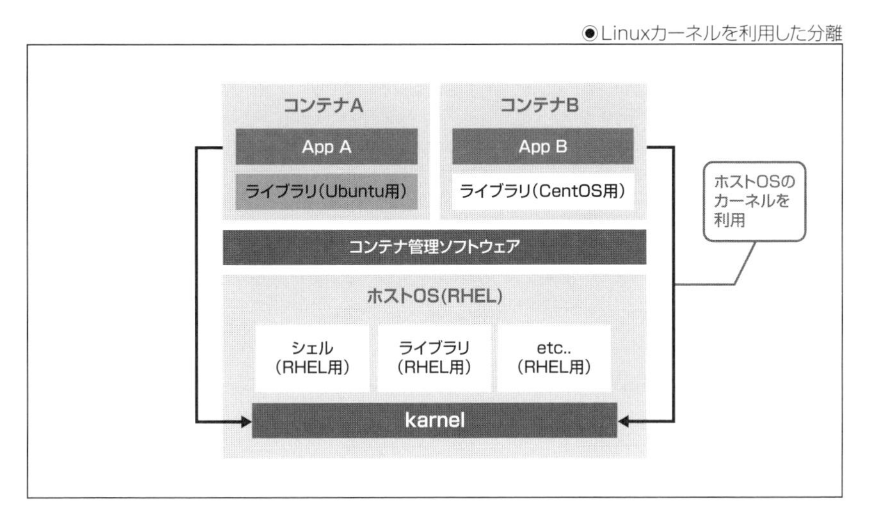

Linuxコンテナの特徴について

コンテナ型仮想化技術とは、OS層において他のシステムからは、ネットワーク・プロセス・ユーザー・ファイルシステムなどを分離された状態にする技術のことです。コンテナ技術は、カーネルリソースやファイルリソースの分離を行う**名前空間(Namespace)**、ハードウェアリソースを管理する**コントロールグループ(cgroups)**、権限を分離する**Capability**などを中心に実装されています。コンテナに対するセキュリティ対策とは、実行中のLinuxプロセスに対するセキュリティ対策と非常に近いです。

◆名前空間(Namespace)

名前空間は、Linuxカーネル内のグローバルなリソースを管理する機能です。各名前空間内のプロセスに対して専用の分離されたグローバルリソースを持っているかのように見せる仕組みです。これにより、カーネルリソースを他のプロセスと分離することができます。現時点で、8種類の名前空間があるので紹介します。

種別	概要、分離対象
PID	PIDはProcess IDの略で、空間を隔離してユニークなPIDを付与
Mount	ファイルシステムのマウントポイントを隔離してプロセス独自のファイルシステムに分離
Network	ネットワークデバイス、ポートなどネットワークに関連するリソースを隔離
IPC	IPCはInter Process CommunicationSystemの略で、SystemV IPCオブジェクト、POSIXメッセージキューを隔離
User	ユーザーID、グループIDを隔離。名前空間内ではUser IDが0で特権ユーザーである一方、他のNamespaceからは非特権ユーザーとして扱われるという状態が可能
UTS	UTSはUnix Time-Sharingの略で、ホスト名やNISドメイン名など、unameシステムコールで返される情報を隔離
Cgroup	cgroupルートディレクトリを隔離
Time	システムクロックの一部を分離する(カーネル5.6から実装)

◆ cgroup

cgroupはプロセスをグループ化し、CPU・メモリなどの物理リソースを分離しつつ、そのグループに属するプロセスに対してリソースの制限や監視をおこないます。次のようなプロセス資源を管理することができます。

- CPU時間の制限、割り当てCPUの指定
- メモリ使用量の制限、OOM killerの有効化/無効化
- プロセス数の確認と制限
- デバイスのアクセス制御
- ネットワーク優先度設定
- タスクの一時停止/再開
- CPU使用量、メモリ使用量のレポート

◆ Capability

Capabilityは、rootが持っている権限を細かく分けて、必要な権限のみをプロセスやファイルに付与する仕組みになります。root権限がそのまま付与されたプロセスが存在する場合、システムそのものを他者に乗っ取られてしまう危険性があるため、Capabilityを用いてプロセスなどに与える権限を最小限に制御することで、仮に実行しているプロセスに脆弱性があったとしてもホストOSやほかのプロセスへの影響範囲をコントロールできます。

Docker

次に、コンテナ管理のデファクトとなっているDockerについて説明します。**Docker**とは2013年からDocker社によってリリースされているLinux環境のコンテナ管理ソリューションです。すべてのアプリケーション実行に必要となる依存関係をパッケージ化して、コンテナ型仮想化を実現するためのソフトウェアです。

Dockerは、アプリケーションを**開発(developing)・転送(shipping)・実行(running)**するための、オープンなプラットフォームとして、アプリケーション開発者を中心に広まってきました。Dockerによるアプリケーション開発を実現するための要素を下記で紹介します。

◆イメージ

イメージは、コンテナの元です。OSやミドルウェアやアプリケーション群を含む再利用可能なベースイメージです。イメージは状態を保持せず、変更もできない読み込み専用(read-only)なテンプレートです。

◆コンテナ

コンテナは、イメージを実行するときの実体(runtime instance)です。Dockerコンテナとは Dockerにおける実行(run)コンポーネントです。

◆イメージレジストリ

イメージレジストリは、イメージを共有・管理します。Dockerレジストリはイメージを保持します。パブリックもしくはプライベートに保管されているイメージのアップロードやダウンロードが可能です。Docker hub/オンプレミス環境にPrivate Registryを構築することも可能です。

◆Docker Hub

Docker Hubは、イメージの管理と構築のためのDocker社が提供するホステッド・レジストリ・サービスです。

◆コンテナエンジン

コンテナエンジンは軽量かつ強力なオープンソースによるコンテナ仮想化技術であり、アプリケーションの構築からコンテナ化に至るワークフローを連結します。Docker イメージを作成し、Dockerコンテナ、データボリューム、ネットワークを管理・実行します。

◆Dockerfile

Dockerfileはテキスト形式のドキュメントです。通常は、Dockerイメージを構築するために手動で実行が必要なすべての命令を定義します。命令が記述されているDockerfileを使ってビルド実行しDockerイメージを作成します。

Dockerfileにて、Dockerイメージを生成するための手順を定義することで、同じイメージをビルドすることができます。また、ビルドしたイメージをDockerHubなどのリポジトリに保管し共有することで、プロジェクトメンバーやその他のメンバーに展開することを可能とし、多くのアプリケーション開発者の間で急速に広まっていきました。

ここでは概要のみ説明しましたが、さらに詳細を知りたい方は下記のサイトを参照してください。

- Docker公式サイト
  URL https://docs.docker.jp/index.html

コンテナとコンテナイメージの違いについて

ここでは、コンテナとコンテナイメージの違いについて簡単に説明します。

コンテナを起動するとき、コンテナイメージに読み書き可能な**コンテナレイヤー**が追加されて起動されます。イメージ中のファイルシステムはすべて書き込み禁止になっており、書き込まれた内容はすべて新しい「コンテナレイヤー」に保存されます。DockerはユニオンファイルシステムUnionFS)を使い、ベースとなるファイルシステム上にディレクトリやファイルを透過的に重ね、1つのファイルシステムとして利用できるようしています。これらのレイヤを単一のイメージに連結し、元のイメージの内容を保ったまま、更新された差分データだけを別ファイルとして取り扱います。これによりイミュータブルインフラストラクチャとして扱うことが可能となります。

コンテナは揮発性であるため、「コンテナレイヤー」に保存されている更新分のデータはコンテナ削除時に破棄されます。コンテナ削除後も必要となるデータやログについては、コンテナ外部に保存するような設定が必要です。また、同一のホスト上で動く複数のコンテナがある場合は、共通するイメージレイヤーは共有できるため、より少ないリソースで多数のコンテナの実行が可能です。

ここで注意が必要なのは、新しくイメージをビルドする際に、既存のベースイメージに対して書き込み可能な層に差分データを取り込む形でビルドされる点です。

脆弱な設定や機密情報が埋め込まれているベースイメージを利用すると、当該設定を削除する操作をしてリビルドし直したとしても、ベースイメージから削除されるわけではないので、脆弱性や機密情報は残ったままとなります。

コンテナ作成後の脆弱性検査を実施することでも発見することはできますが、そもそもイメージを作る際には最初から信頼性のあるベースイメージを利用し、その上に適切な設定をしていくことが推奨されています。

●コンテナとイメージの違い

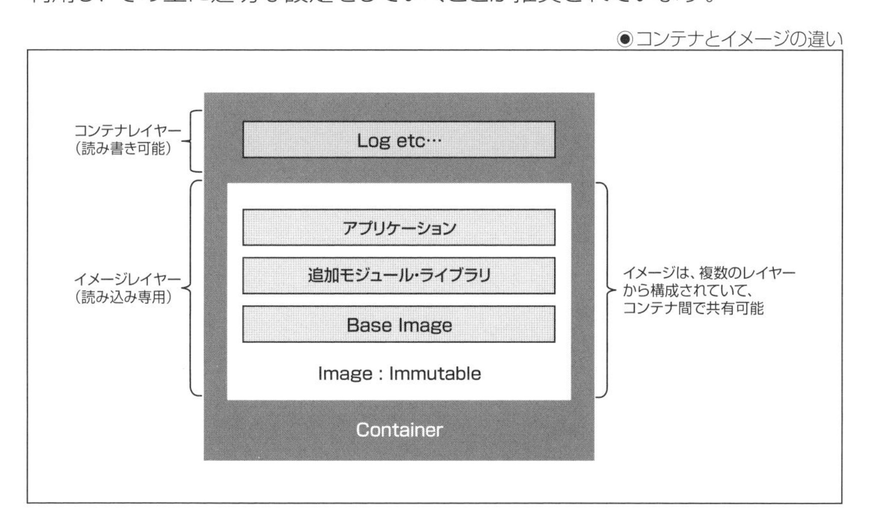

●イメージの共有について

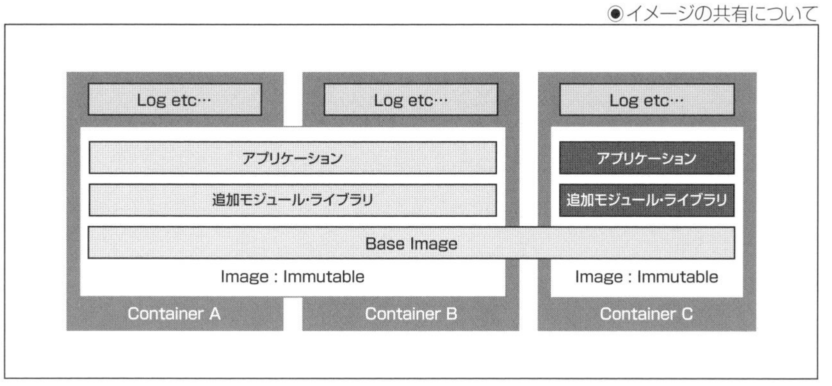

コンテナの特徴

ここまで説明してきたコンテナ型仮想化マシンの特徴についてまとめます。

◆ オーバーヘッドが少なく、高密度化が可能

コンテナではホストOSのカーネルを利用して隔離された空間を作り出すのでハードウェアの仮想化が不要です。動作するOSは1つだけなのでオーバーヘッドが少なくて済みます。区画ごとにOSが稼働しているサーバー型仮想化マシンに比べると消費するリソースは少なくて済みます。多数のコンテナを作成しても動作しているOSは1つなので高密度化が実現できます。

◆ 高速な起動が可能

コンテナの起動は、サーバー型仮想化マシンのようにOSを最初から起動する必要がなく、OSから見ると単にプロセスが起動しているだけです。通常のプロセスが起動するのと同じため、非常に速く起動できます。

◆ ポータブル（可搬性が高い）

コンテナイメージのサイズは軽量なのと、アプリケーション実行に必要となるファイルはすべてパッケージ化されているため、異なる環境間への移行が非常に容易です。

◆ 揮発性

コンテナとして起動されてもコンテナ内の更新は保存されず、明示的に保存（コミット）をしなければコンテナ破棄時に変更分は破棄されてしまいます。Dockerではこの仕様を、overlay/overlay2やAUFSなどのストレージドライバを利用して実現しています。異なるファイルシステムのファイルを透過的に重ね、1つのファイルツリーを構成するものです。

コンテナの標準化について

コンテナの標準化について説明します。これまで複数存在していたコンテナのフォーマットとランタイムの標準化を図るための団体として、Open Container Project(現在のOpen Container Initiative)があります。こちらは、Linux Foundationプロジェクトの1つとなっています。

- Open Container Initiative
  URL https://opencontainers.org/

ここで定義された仕様が次の2つです。

- Open Container Initiative Runtime Specification：コンテナランタイムに関する仕様
- Open Container Initiative Image Format Specification：コンテナイメージフォーマットに関する仕様

Kubernetesに必要な「kubeletとコンテナランタイムが通信するためのAPI仕様」として**CRI(Container Runtime Interface)**が作られており、執筆時点でCRIランタイムには、**containerd**と**CRI-O**などがあります。

CRIランタイム	説明
containerd	Docker社からCNCFに寄贈されたOSS。Dockerの一部となっている
CRI-O	Red Hat社が中心となって開発しているOSSとして、「Red Hat OpenShift」のコンテナエンジンとして採用されている

執筆時点のKubernetesバージョン1.20からDockerが非推奨となることがリリースノートに記載されています。今後、Kubernetesを稼働させるコンテナランタイムとしては、「containerd」と「CRI-O」に変わっていくことが想定されます。

SECTION-09

マイクロサービス

マイクロサービスとは、1つのアプリケーションをビジネスドメインに基づき独立してデプロイ可能なサービスに分割して、それぞれのサービス同士の通信はネットワークを経由することで、密結合のリスクを回避する手法のことです。

各マイクロサービスは、通常1つ(まれに複数)の個別のビジネスプロセスまたは機能で実装され、多くの場合アプリケーションコンテナ内に展開されます。また、各マイクロサービスは、独自のビジネスロジックと、データベースアクセスやメッセージングなどの機能を実行するためのさまざまなアダプターを備えています。

マイクロサービスベースのアプリケーションは、従来型のアプリケーションとしても実装できますが、クラウドネイティブアプリケーションを中心に適用されています。

◉モノリシックとマイクロサービス

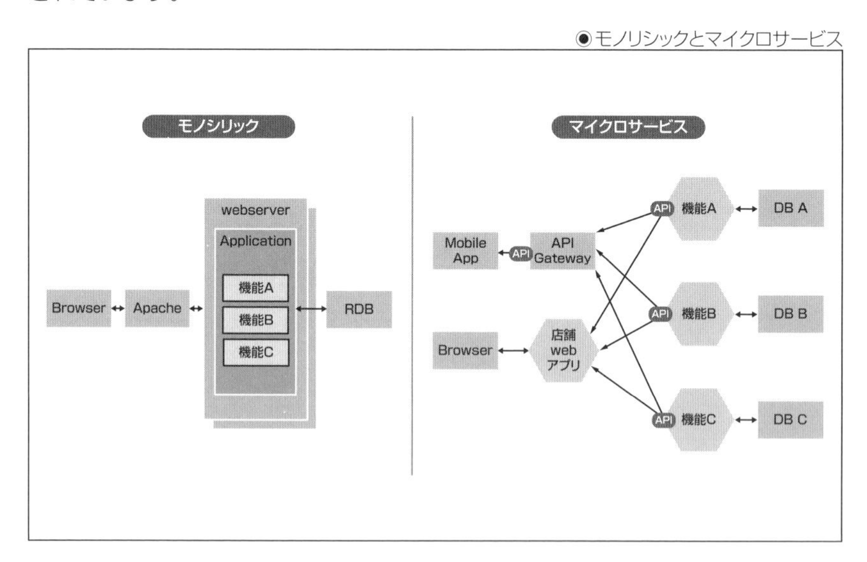

従来の大きく複雑になりがちなモノリシック(一枚岩)なアプリケーションでは、機能追加やテストがしづらく、また、変更作業にかかるコストやリリース時のリスクも大きくなることから、SoEシステムに求められる高速な開発サイクルの実現にはデメリットとなっていました。

しかし、マイクロサービスベースのアプリケーションアーキテクチャでは、アプリケーションを小さな単位に分割し疎結合とすることで、各サービスの開発・テスト・リリースを独立して実施できるようになります。

マイクロサービスベースのアプリケーションアーキテクチャは、次に説明するような拡張性、展開の俊敏性、可用性の特徴から、アジャイル開発や、**CI/CD(Continuous Integration:継続的インテグレーション/Continuous Delivery:継続的デリバリ)**が必要となるコンテナをベースとしたクラウドネイティブなアプリケーションを展開するための標準になりつつあります。

マイクロサービスアーキテクチャのメリット

マイクロサービスアーキテクチャを適用すると次のようなメリットが得られます。

◆拡張性

マイクロサービスの特性により、各コンポーネントは個別にスケーリングできます。一部のマイクロサービスのみスケールアウトすることが可能となるため、システム全体で使用するリソースの最適化が可能となります。また、(コンテナを使うことで)OS単位ではなくサービス単位で割り当てるリソースを調整することが可能となり、リソース効率が向上します。

◆展開の俊敏性

マイクロサービスの疎結合とモジュール性の向上により、システム全体ではなく、サービス単位でのデプロイが可能となるため、他のコンポーネント(マイクロサービス)に影響を与えることなく、独立したリリースが可能となるため、他チームとの調整などのワークロードや期間の削減も期待でき、迅速な変更とリリースが可能になります。また、マイクロサービス化によるサービス単位のコード軽量化により、開発者およびチームが把握できるコード量が減り変更時の影響範囲が小さくなるため、ビジネスプロセスや市場状況の変化に迅速に対応することや、テストが容易(自動テストとの親和性)となることで、テスト品質の向上も期待できます。

◆ 可用性

あるコンポーネントに障害が発生しても、その障害が連鎖しなければ、当該領域を切り離すことでサービスを継続することが可能となる場合があります。マイクロサービスのコンポーネント間の疎結合によって、障害が発生しているマイクロサービスを封じ込めることができ、アプリケーションの他のコンポーネントや他の部分にドミノ効果を及ぼすことなく、影響をそのサービスに限定することができます。

マイクロサービスアーキテクチャのデメリット

マイクロサービスアーキテクチャを備えたアプリケーションの内部では、各サービス間をつなぐためのネットワークがまるで網の目のように張り巡らせられ、そこでさまざまなトラフィックが発生しているため、次のようなセキュリティ要件に関するいくつかの課題があります。

- マイクロサービスが多いほど、これらのコンポーネント間の相互接続が多くなり、保護する通信リンクが増える。
- コンポーネント(マイクロサービス)は動的に構成が変動するため、安全なサービス検出機能が必要になる。
- すべてのマイクロサービスは信頼できないものとして扱う必要がある。
- マイクロサービスごとに異なるサービス要件を持つため、各マイクロサービスできめ細かな認証が必要になる。

このネットワークを安定的かつ効率的でセキュアに運用することはマイクロサービスの運用において必要不可欠であり、そのためにはトラフィックのルーティングルールの設定、トラフィックが偏らないようにロードバランスの実現、セキュリティのための暗号化通信や認証サービス、ポリシーの設定、そして全体のモニタリングなど、さまざまなネットワークのサービス機能が求められます。さらに、マイクロサービス化しコンポーネントが増えることで、攻撃対象領域も増えます。

サービスメッシュ

　マイクロサービスには、前述のようなさまざまなメリットがありますが、その反面でサービス間の通信が複雑になることによるデメリットも存在します。この問題を解決するために利用されるのが**サービスメッシュ**です。サービスメッシュは、サービス間の通信に対して、サービス検出、ルーティング、内部負荷分散、トラフィック構築、暗号化、認証と認可、メトリック、および監視などの機能を提供します。サービスメッシュでは、IstioやLinkerdが有名ですが、これ以外にもAWS App Meshなどのプロダクトがあります。

　サービスメッシュには、概念的には**コントロールプレーン**と**データプレーン**の2つのモジュールがあります。

コントロールプレーン

　データプレーンを構成し、テレメトリの集約ポイントを提供して、負荷分散、回線遮断、レート制限などのさまざまな機能を通じてメッシュ全体のデータプレーン(プロキシ)の動作を制御および設定するために使用するAPIとツールを提供します。

　すべてのセキュリティ機能を実装するために必要なインテリジェンス、データ、およびその他の成果物は、コントロールプレーンにあります。

データプレーン

　サービス固有のプロキシを介してサービスインスタンス間でアプリケーション要求トラフィックを伝送します。そして、ヘルス・チェック、ロードバランシング、回線遮断、タイムアウトと再試行、認証、許可などの高度な機能も提供します。

サービスメッシュは、マイクロサービスアプリケーション内のサービスごとに小さなプロキシサーバーインスタンスを作成します。この特殊なプロキシは、サービスメッシュ用語では**サイドカープロキシ**と呼ばれることもあります。サイドカープロキシはデータプレーンを形成しますが、セキュリティの実施に必要なランタイム操作(アクセス制御、通信関連)は、コントロールプレーンからサイドカープロキシにポリシー(アクセス制御ポリシーなど)を挿入することで有効になります。これにより、マイクロサービスコードを変更せずにポリシーを動的に変更できる柔軟性も提供されます。

◉サービスメッシュのコンポーネント

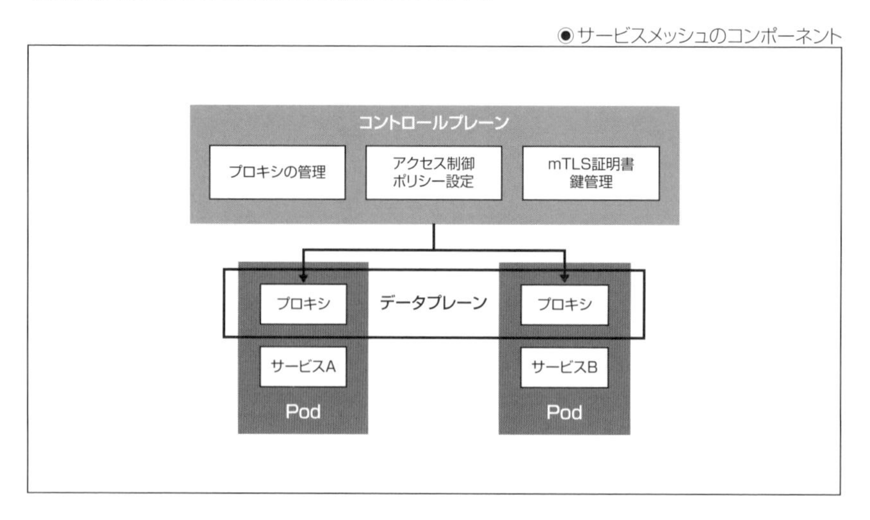

SECTION-11
イミュータブルインフラストラクチャ

イミュータブルインフラストラクチャとは、直訳すると「不変なインフラ」ということになり、一度、構築・作成した稼働中のインフラストラクチャには変更を加えないことを意味しています。

従来型のインフラ運用では、稼働中のインフラ環境に対して直接ソフトウェアのバージョンアップやパッチ適用や設定値の変更を行ってきました。

イミュータブルインフラストラクチャでは、インフラストラクチャに変更の必要性が生じた場合、稼働中のリソースに対して変更を行うのではなく、稼働中のリソースを廃棄し、変更済みの新しいリソースに入れ替えながら運用していきます。

イミュータブルインフラストラクチャの手法を採用することで、次のようなメリットがあります。

- テスト環境で十分にテストされた検証済みの環境を本番環境に適用可能
- 更新後に問題が発生した場合、稼働実績のある変更前の正常な状態に戻すことが可能
- 変更する際は、一式置き換えるため、環境の揺らぎを軽減することが可能

◉ミュータブルとイミュータブルインフラストラクチャの違い

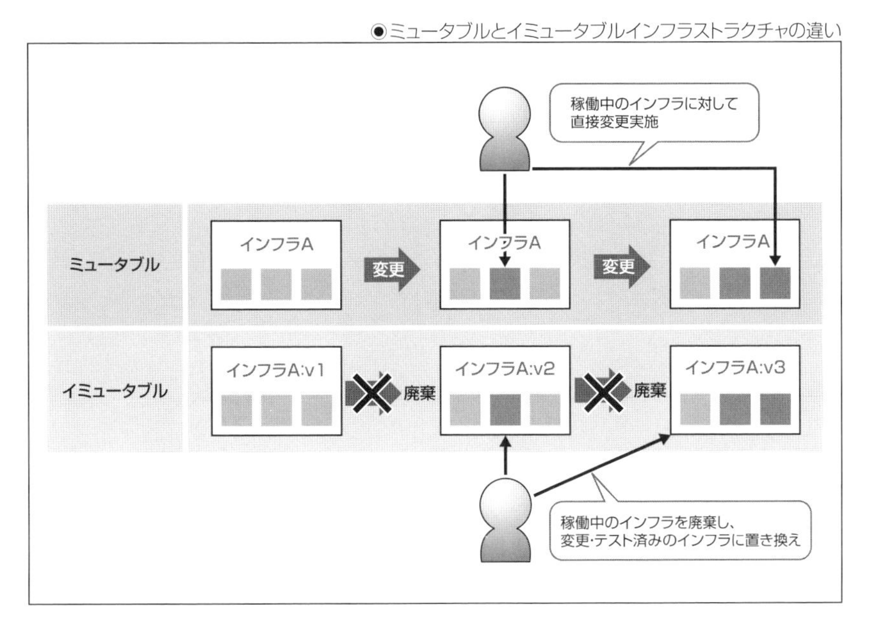

イミュータブルインフラストラクチャの考え方を適用するにあたり、親和性が高いのが、コンテナ型仮想化とInfrastructure as Code(IaC)です。

稼働中のインフラ環境を破棄して、変更後の環境に置き換えするという概念を実現する上でも、軽量で可搬性が高く、揮発性のあるコンテナやインフラの構成・設定をコードで記述し、構成管理していくためのIaCの実装はとても重要です。

SECTION-12

宣言型API

宣言型APIとは、サービスに実行すべき命令を伝えるのではなく、サービスのあるべき状態を指示できるAPIです。宣言型API方式を採用することで、自律的な動作や制御が期待できるため、アプリケーションやインフラのサービス運用の複雑さが軽減されます。

「宣言型」と対になる概念に「命令型」があります。命令型は、実行する必要のあるコマンドまたはステップを命令し順次実行していく方式です。実行手順が明示的にリスト化されるため、手順を1つひとつ実行するコマンドが把握できますが、コマンドの実行が失敗するなどの理由により、想定した結果となる保証はありません。作業過程において、事前準備で想定していた状態と実際の状態が異なり、コマンドの変更が必要となったり、コマンドのミス・実行漏れにより期待していた結果が得られないなどの課題があります。結果にたどりつくための途中のコマンドや実行順序などは、状況に応じて自分たちで管理しなければいけません。

一方、宣言型は、システムの望ましい状態・最終的な結果や構成を宣言する形で定義し、アプリケーションに実行・動作させる方式です。この方式は、目的としている結果を記述するため、実際に実行しなくても実行された場合の結果がわかり、システムが宣言した状態を維持するように自律的に動作するので、システムの状態を常に監視したり、状態変化に応じて命令を沢山実行したりしなくてもよいことになります。宣言型方式を採用することで、自律的な動作や制御が期待できるため、複雑なアプリケーションやインフラ運用に対する負荷を軽減することができます。

◉命令型と宣言型の違い

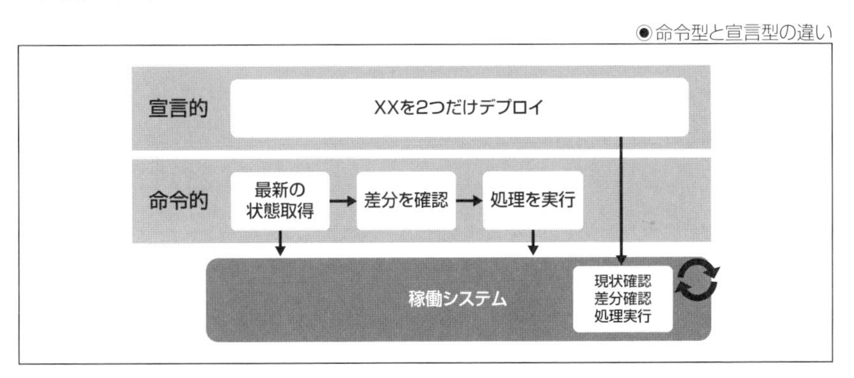

SECTION-13

Kubernetesとは

ここでは、コンテナ環境のオーケストレーションツールとしてデファクトスタンダートとなっているKubernetesについて説明します。本章では、クラウドネイティブセキュリティを説明するために必要となる概要の説明となるので、より深く理解したい方は、下記の公式ドキュメントを参照してください。

- Kubernetes公式ドキュメント
  URL https://kubernetes.io/ja/

Kubernetesは、Googleの社内で利用されていたコンテナクラスターマネージャの「Borg」のアイデアをもとにして作られたOSSです。2014年6月にローンチされ、2015年7月にバージョン1.0となったタイミングでLinux Foundation傘下のCloud Native Computing Foundation(CNCF)に移管されています。Kubernetesの名称は、ギリシャ語に由来し、操舵手やパイロットを意味しています。Kubernetesは文字数が多いため、省略してk8sと表記されることもあります。

コンテナの運用自動化のために開発されたOSSで、コンテナの自動配置・ローリングアップデート・ロールバック・オートヒーリング・オートスケール・自動検出・負荷分散などの機能を提供します。Kubernetesはクラウドにおける Linuxになるともいわれており、今後のクラウドネイティブアプリケーション実行環境においては必須のソフトウェアです。

コンテナ管理の課題

実際のシステムでは複数のアプリケーションコンポーネント(コンテナ)を連携させて、1つのサービスとして提供する必要性があり、特にマイクロサービス的なサービスの構築にはこのようなアプローチが非常に重要となります。複数のコンテナの管理を行うためには、各コンテナへのアクセス制御、資源配置の最適化、負荷分散、冗長化(クラスタリング)、監視、デプロイ管理などの設計・実装が必要となります。大規模なシステムやマイクロサービス化などで稼働させるコンテナ数が増加すると、上述の設計・実装ができたとしてもコンテナ管理の負荷が非常に高くなります。大規模分散システムでは、数千〜数億コンテナが稼働するため、手作業をベースとした管理では到底対応できません。

これらの課題を解決してくれるのがコンテナオーケストレーションツールであり、その中でもKubernetesの利用がデファクトスタンダードとなっています。

コンポーネントの概要

ここでは、Kubernetesの主要なコンポーネントを紹介します。Kubernetesクラスターは、クラスターの全体的な管理を行うコントロールプレーンを構成するマスターノード群と、コンテナ化されたアプリケーションを実行するワーカーノード群から構成されます。コントロールプレーンコンポーネントは、クラスター全体に関する管理を行い、ノードコンポーネントは各ノード上で稼働中のPodの管理を行います。コントロールプレーンコンポーネントとノードコンポーネントは下記から構成されています。

コンポーネント	種別	概要
apiserver	Control Plane	Kubernetesのリソースを管理するAPIサーバー
scheduler	Control Plane	Podのノードへの割り当てを行うスケジューラー
controller-manager	Control Plane	Replication Controllerなどの各種コントローラーを起動し管理するマネージャー
kubelet	Node	Podを起動し管理するエージェント(Nodeのメイン処理)
kube-proxy	Node	KubernetesのServiceが持つ仮想的なIPアドレス(cluster IP)へのアクセスをルーティングする
etcd	Control Plane	Kubernetesのリソースの永続化に使われる高信頼分散KVS

●Kubernetesのアーキテクチャ図

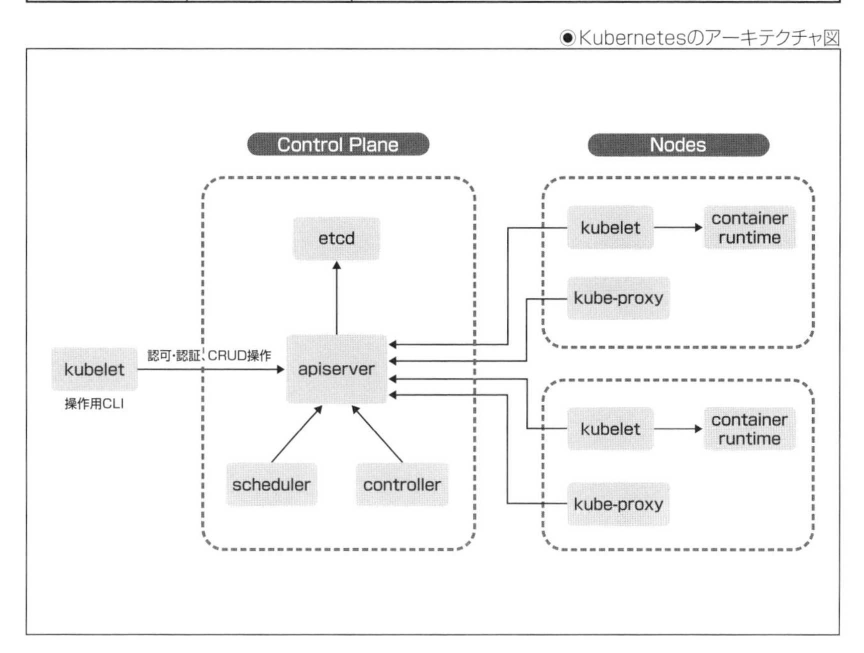

リソースの概要

Kubernetesのオブジェクトでは、稼働させるアプリケーションや、利用可能なリソース、稼働に関するポリシーなどを定義することができます。一度オブジェクトを作成すると、Kubernetesは常にそのオブジェクトが存在し続けるように動きます。ここでは、Kubernetesの主要なリソースを紹介します。

◆ Pod

Kubernetesクラスター上でデプロイできる最小単位のことで、Pod内にコンテナを起動します。1つ以上のコンテナと共有されたボリュームで構成され、複数のコンテナを起動可能です。

◆ ReplicaSet

Podを作成するもととなるPodTemplateを使って、必要なPod数(レプリカ数)を生成・管理する仕組みです。Pod数が指定のレプリカ数よりも少ない場合はPodを自動で追加し、Podが多い場合も自動で減らしてくれます。この仕組みでPodはセルフヒーリングを実現します。

◆ Deployment

ReplicaSetの新しいバージョンをリリースするための仕組みです。ReplicaSetがPodを管理するように、DeploymentはReplicaSetを管理します。Deploymentを使った新しいバージョンのリリース方法にはRecreateとRollingUpdateの2種類があります。Recreateは既存のPodを一度すべて削除し、新しいバージョンのPodを立ち上げる方法です。一度すべて削除してしまうのでダウンタイムが生じます。RollingUpdateは古いPodと新しいPodを少しずつ入れ替えながらリリースを行う方法です。RollingUpdateでは新旧バージョンのPodが共存するためそれでも問題ないようにプログラムを実装する必要があります。

◆ DaemonSet

すべて(またはいくつか)のNodeが単一のPodのコピーを稼働させることを保証します。Nodeがクラスターに追加されるとき、PodがNode上に追加されます。Nodeがクラスターから削除されたとき、それらのPodは除去されます。DaemonSetの削除により、DaemonSetが作成したPodもクリーンアップします。

◆ Service

Podにアクセスするためのエンドポイントを定義します。

◆ Configmap

実行時に構成ファイル、コマンドライン引数、環境変数、ポート番号、およびその他の構成成果物をポッドのコンテナやシステムコンポーネントにバインドします。ConfigMapを使用すると、構成をポッドやコンポーネントから分離できます。

◆ Secret

パスワード、OAuthトークン、SSH認証鍵などの機密データをクラスターに格納する安全なオブジェクトです。機密データをSecretに保存することは、平文のConfigMapやポッド仕様よりも安全です。Secretを使用すると、機密データの使用方法を制御し、権限のないユーザーにデータが公開されるリスクを軽減することが可能です。

◆ PersistentVolume

ポッドで耐久性の高いストレージとして使用できるクラスターリソースです。PersistentVolumeClaimを使用すると、永続ボリュームを動的にプロビジョニングできます。

◆ PersistentVolumeClaim

PersistentVolumeリソースに対するリクエスト(要求)です。PersistentVolumeClaimオブジェクトは、PersistentVolumeの具体的なサイズ、アクセスモード、StorageClass をリクエストします。

◆ Ingress

HTTPやHTTPSの外部アクセスを制御するオブジェクトです。バーチャルホストとパスベースのロードバランシングやSSLターミネーションなどの機能を提供します。

◆ Job

1つ以上のPodを作成し、指定された数が正常に終了するのを保証します。JobはPodが正常に完了したことを追跡します。

◆CronJob

時間ベースのスケジュールでJobを作成します。

●Kubernetesの主要なリソース

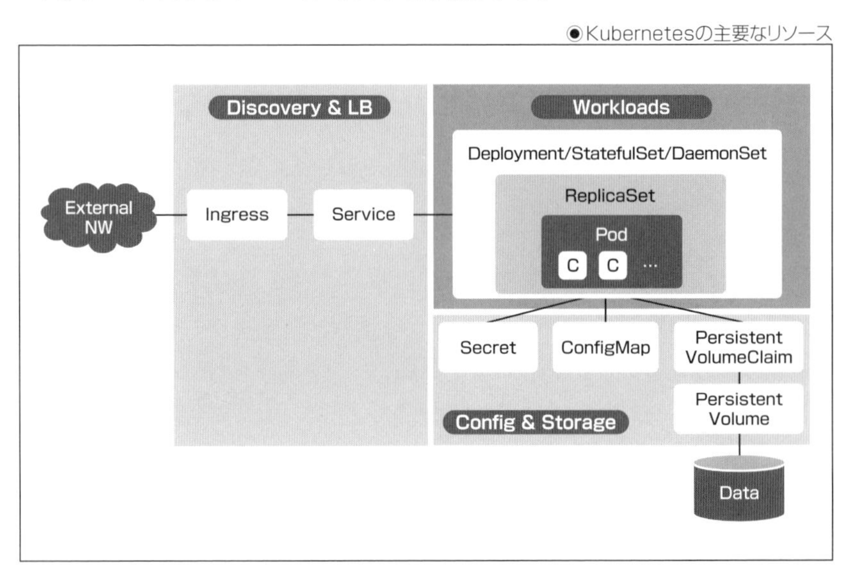

Kubernetes実装における課題

Kubernetesでは、コンテナオーケストレーションツールとして主要な機能は提供していますが、ソースコードのデプロイやアプリケーションのビルドに関する機能、ロギング、モニタリングやアラートを行う運用管理系のソリューションは提供していません。ユーザーによる拡張性や選択と柔軟性を維持するためですが、コンテナアプリケーションを本番運用するためには、このような機能を各自で選択し、実装・運用しなければなりません。組織文化やシステム構成に応じて、前述したCloud Native Landscapeで紹介されているようなツール・サービス群から選択する必要があり、各種サービスの仕様調査や組み合わせを検討するだけでも非常に作業負荷が高くなってしまいます。

また、Kubernetesは、約3カ月ごとに新しいバージョンがリリースされ、マイナーアップデートは9カ月後までしか提供されていません。オープンソースのKubernetesを導入すれば9カ月ごとにバージョンアップ作業が発生することになります。

Kubernetesエコシステムを支えるOSS製品も、Kubernetesのリリースにあわせてバージョンアップする製品が多く、複数プロダクトのバージョンアップ運用が発生するため、それだけでも運用負荷がかなり大きくなります。それぞれの機能に対するセキュリティ対策も、各自で実装する必要があります。

Kubernetesエコシステムから各種ツールやサービスを自由に選択できるということが、逆に実装・運用を難しくさせており、その結果、Kubernetesを中心としたクラウドネイティブシステム全体に対する学習・運用コストが高くなっています。すでに自前でKubernetesクラスターを実装し運用されている企業では、想定以上に運用負荷が高くなっているという課題に直面しています。

OpenShiftとは

OpenShiftは、コンテナを開発・リリースし、運用するために必要な機能を盛り込んだコンテナプラットフォーム製品です。Red Hat社がKubernetesを始めとするコンテナのライフサイクルに必要なオープンソースソフトウェアをパッケージングしました。

- OpenShiftの公式サイト

  URL https://www.openshift.com/

OpenShiftの中心にはコンテナオーケストレーションツールとして業界標準となっているKubernetesが使われています。KubernetesにはCustom Resource Definitionという自身を拡張する機能を備えているので、OpenShiftはその機能を利用してKubernetesを拡張しています。

OpenShiftではKubernetesをエンタープライズ(一般的な企業や団体)でも簡単に扱えるようにさまざまな機能拡張を行っています。コンテナアプリケーションに欠かせない、サービスメッシュやサーバーレスなどのミドルウェア機能も入っています。開発者向けのCI/CDツールチェーンや開発用コンソールも用意されています。開発者はコンテナ技術の深い知識がなくても、コンテナアプリケーションを開発、デプロイしてテストを行えるようになっています。管理者はKubernetesの深い知識がなくてもWebコンソールから容易にOpenShiftクラスターを管理・運営することができるようになっています。

前節で説明した通り、一般企業でKubernetesをそのまま利用するには壁があるので、OpenShiftのような製品を活用することをおすすめしています。

◉KubernetesとOpenShiftの違い

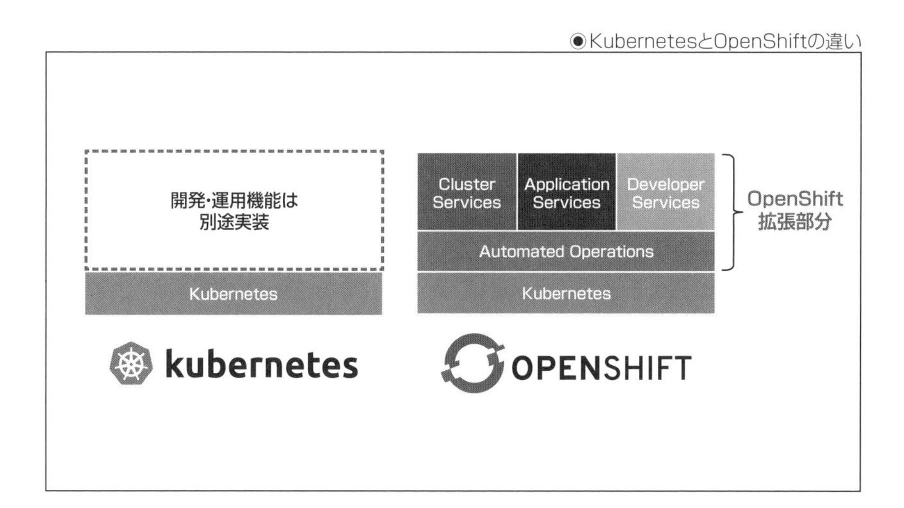

OpenShiftの拡張部分の機能は、下表の通りです。

機能	説明
Cluster Service	OpenShiftクラスター全体を管理するためのさまざまな機能を提供する
Application Service	コンテナアプリケーションに必要なミドルウェアなどが含まれる
Developer Service	開発者向けのさまざまなサービスを提供する

SECTION-15

オブザーバビリティ(可観測性)について

マイクロサービス、コンテナ、サーバーレスなどを中心としたクラウドネイティブなシステムに移行するにつれて、システムの複雑性が増し、パブリッククラウド利用も当たり前になるため、セキュリティに対する関心度も高くなっていますが、見えないものは管理できません。クラウドネイティブなシステムの複雑性への対処やセキュリティを含むインシデントリスクに対応するには、まず想定されるリスクや状況を可視化する必要があります。

従来型のサーバー型仮想化マシンをベースとしたシステムでは、インシデントが発生した際には、比較的構成もシンプルであることと、対象の機器やサーバーに直接ログインし、過去のログや現在の状態などを調査することができ、障害原因を調査することが比較的容易でした。また、過去事例から、発生しうる障害は大部分が想定できるものであり、それに対応できるような監視の仕組みが実装可能でした。

しかし、クラウドネイティブな大規模分散システムでは、マイクロサービスのような大量のコンポーネントが相互に通信しており、サービス構成も複雑化しているため、障害の発生箇所や原因を特定するのが非常に難しくなっています。そして、コンポーネントが増え、構成が複雑化しているため、発生しうる障害を想定することも難しくなっており、従来型の監視システムではシステムの健全性を把握するのは困難になってきています。

そこで、クラウドネイティブな大規模分散システムにおけるシステム管理・セキュリティ対策においても重要性を増しているのが、**オブザーバビリティ(Observability:可観測性)**[1]です。

モニタリングについて

オブザーバビリティは、人によって捉え方が異なる場合があります。よく混同されるのがモニタリング(監視)です。システムの健全性を知ることを目的としたモニタリングは従来のシステムでも行われています。

[1]:参考書籍:Distributed Systems Observability(Cindy Sridharan著、O'Reilly Media, Inc.刊)

モニタリングとは、システムやコンポーネントの健全性を観察し確認し続けることであり、システムの運用担当者の行為のことです。モニタリングは事前に決めておいた項目を測定し、システムの全体的な状態を報告し、問題が発生した際にアラートを生成するのに最適化されて設計・実装されています。モニタリングは、予測可能な性質のものや、ユーザーに深刻な影響を与える事象や、人間ができだけ早く介入して改善が必要な事象を監視して通知するのが目的です。

◆ モニタリング(監視)で重要となる指標

モニタリングで取得すべき重要な指標のセットには次のようなものがあります。一部、同じ指標がありますが、セットで憶えておくのがよいので、そのまま紹介します。

- The Four Golden Signals(4大シグナル)
  - レイテンシー(Latency):リクエストを処理してレスポンスを返すまでにかかる時間のこと。
  - トラフィック(Traffic):システムに対するリクエストの量
  - エラー(Errors):処理に失敗したエラーイベントの数
  - 飽和状態(Saturation):サービス がどれだけ「手一杯」になっているかの度合い

- The USE Method(USEメソッド):システムのパフォーマンス分析に有効
  - 使用率(Utilization):リソースが処理中でbusyだった時間の平均
  - 飽和状態(Saturation):サービス がどれだけ「手一杯」になっているかの度合い(処理できてないものは大抵キューに入れられる)
  - エラー(Errors):処理に失敗したエラーイベントの数

- The RED Method(REDメソッド):対象とする(物理的な)リソースの上で動くアプリケーションをどうモニタリングするかに有効
  - レート(Rate):秒あたりのリクエスト数
  - エラー(Errors):処理に失敗したエラーイベントの数
  - 時間(Duration):リクエストの処理にかかる時間

オブザーバビリティ(可観測性)とは

一方、**オブザーバビリティ**は、障害の有無に関係なくシステム全体の振る舞いを理解することが目的となります。想定外の事象が発生したときに、なぜそれが起きたのかを把握するために必要となる情報提供を可能とすることが重要となります。オブザーバビリティでは、インシデントが発生した場合に、問題を検知するだけでなく、発生事象や原因の特定および改善のアクションにつなげることなどの洞察までサポートできるデータを取得・生成し容易に提供できるようにします。データ収集することが目的ではなく、データを活用して、迅速かつ容易に事象を正確に把握できるかがポイントです。

オブザーバビリティはモニタリングの代わりになるものではなく補完し合うものです。クラウドネイティブなシステムでは、オブザーバビリティを実装し、いつでもシステム全体の振る舞いを把握できるようにしつつ、適切にモニタリングも行います。

本書では詳細は説明しませんが、クラウドネイティブセキュリティにとって、前述の理由からオブザーバビリティの実装は非常に重要となります。セキュリティ攻撃は、さまざまなパターンが想定されるため、すべて予測することが困難です。予測不可能なインシデントに対して、迅速に事象を把握し原因調査できることは、セキュリティインシデント対策の重要な1つとなります。

オブザーバビリティを備えたシステムでは、主にログ、メトリクス、トレースといった3種類のデータを取得・活用できるようにします。ログ、メトリクス、トレースは、それぞれ利用目的・用途が異なり補完し合うものです。ログはインシデントの根本原因の特定、メトリクスは検出、トレースは発生個所の発見に役立ちます。次に、ログ、メトリクス、トレースの特徴について説明します。

◉オブザーバビリティの要素

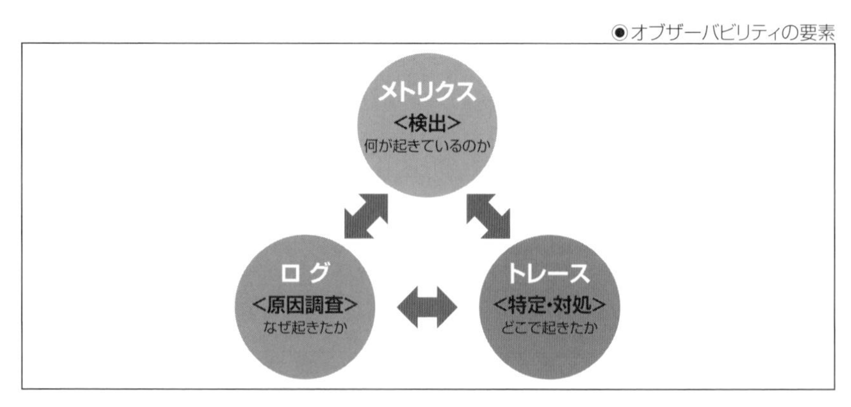

◆ ログとは

ロギング(イベントログ)は、時間の経過とともに発生したイベントのタイムスタンプ付きレコードです。ログには、プレーンテキスト、構造化、バイナリの3種類の形式があります。ロギングのメリットは、簡単に生成できることと、ほとんどの言語、アプリケーションフレームワーク、およびライブラリでは、ロギングがサポートされています。また、特定の事象やイベントを容易に把握することができるので、インシデント発生時には、最初にログを確認します。

ロギングのデメリットは、ロギングのオーバーヘッドが原因でアプリケーション全体がパフォーマンスの影響を受けやすくなる点や、ログの出力レベルやトラフィック・インシデントにより、大量のログが出力されストレージ容量を逼迫させてしまう点です。

◆ メトリクスとは

メトリクスは、一定間隔で時系列に収集されたデータの数値表現です。メトリクスは、形式は構造化が基本であるため、保管と照会が容易であり、サンプリング、集計、相関などの統計的な処理に柔軟に対応でき、数学的モデリングと予測の力を利用して、トレンドなどのシステムの動作に関する知識を引き出すことができます。

メトリクスベースのモニタリングの最大の利点は、ログとは異なり、アプリケーションへのトラフィックが増加しても、ディスクの使用率、処理の複雑さ、可視化の速度などが大幅に増加することはありません。経過期間が長くなった場合は、数値データを日次や週次の単位に集約できるため、長期の保管に適しています。

メトリクスの注意は、単体だけ見ても単なる事実でしかないため、システムの状態を知ることは難しいです。複数のメトリクスを時系列データとして組み合わせて利用する必要があります。

ロギングとメトリクスに共通する特徴としては、この2つともコンポーネントごとの情報であるということです。特定のコンポーネント内で発生していることは理解できでも、システム横断的な事象を把握するのは比較的困難となります。

◆トレースとは

トレースは、分散システム全体にわたるリクエストのエンド・ツー・エンドの処理フローをキャプチャーします。リクエストが開始されると、グローバルに一意のIDが割り当てられ、実行された各処理とそれを実行したメタデータとともに記録されます。

トレースで最も重要なのは、ロギングとメトリクスと異なり、リクエストのライフサイクル全体を理解することです。複数のサービスにまたがるリクエストをデバッグして、遅延またはリソース使用率の増加の原因を特定できるようにします。

トレースの課題としては、トレース情報を伝達するためにリクエストフロー内のすべてのコンポーネントに変更が必要となる可能性があり、トレースを既存のインフラストラクチャに実装するための負荷が非常に高い点です。しかし、最近ではサービスメッシュ製品などの増加により、トレースを実現するためのプロダクトがリリースされているので、各システムにあったプロダクトの採用を検討してください。

本章のまとめ

本章では、クラウドネイティブセキュリティを説明する上で前提となる、クラウドネイティブに関するテクノロジーや手法などの特徴に関する概要を説明してきました。

クラウドネイティブの導入は、従来型のシステム・アプリケーション開発の延長というわけではなく、開発のプロセス、設計、実装という、非常に幅広い領域において、既存のやり方から脱却することが求められます。それと同様にセキュリティ対策についてもクラウドネイティブ特有の対策が求められます。

次章以降では、クラウドネイティブなシステムでサービスを展開するにあたり、必要となるセキュリティ対策について解説していきます。

CHAPTER 03 クラウドネイティブにおけるセキュリティ脅威

本章の概要

本章では、クラウドネイティブ環境において想定されるセキュリティ脅威について解説します。

SECTION-16

クラウドセキュリティインシデント

昨今のクラウドプラットフォームやサービスの利用浸透に伴い、大小さまざまなセキュリティインシデントが発生しています。本節では、過去に発生したクラウドにまつわるセキュリティインシデント事例を紹介します。

データ侵害事例

ユーザーがクラウドサービスを利用する際に、最も懸念することはデータ漏洩事故ではないでしょうか。機密情報が外部に公開される、第三者に不正に取得される、権限を有するものが目的外にデータを濫用するなど、脅威アクターによる攻撃もあれば、人的なミスや不正、脆弱性やセキュリティ設定の不備の結果として発生します。

昨今、クラウドストレージサービスへのデータ侵害や、クレデンシャルスタッフィングなどによるアカウント乗っ取りのように、セキュリティ事故が頻繁に発生しており、個人・法人にかかわらず重大なリスクとして捉えられています。中でも、海外の大手金融サービス会社が、クラウドサービスの設定不備に起因して、クレジットカード情報を含む大量の顧客データが流出した事故は、記憶に新しいと思います。

まず、当該事故を技術的な観点から振り返ってみます。

攻撃者は、SSRF(Server Side Request Forgery)の脆弱性(詳細は後述)を悪用し、AWSのEC2インスタンスのメタデータサービスにアクセスすることにより、AWSアクセスキーを窃取し、当該アクセスキーを用いてAWS S3バケットに保存されていたデータにアクセスした、とされています。また、当該環境には、WAF(AWS WAFではない独自構築されたWAF)が配備されていましたが、検知が回避されたか検知のみで動作していた結果、細工された攻撃リクエストをブロックできなかったと報道されています。

◉AWS環境に対するSSRF攻撃によるデータ漏洩事例

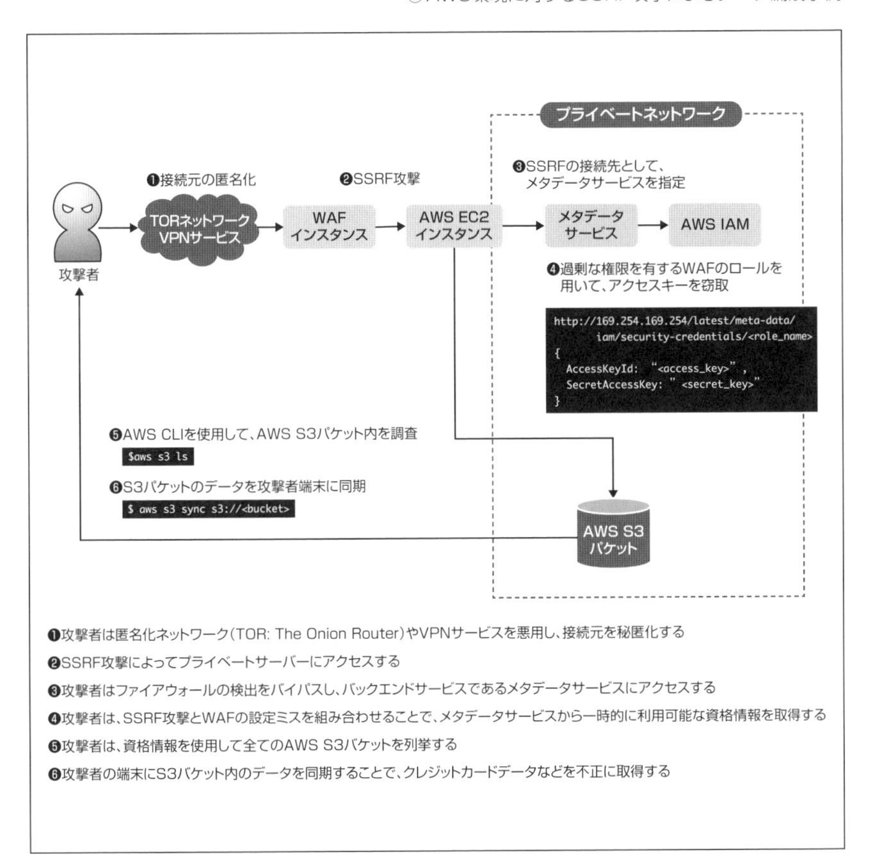
プライベートネットワーク
❶接続元の匿名化
❷SSRF攻撃
❸SSRFの接続先として、メタデータサービスを指定
攻撃者
TORネットワーク VPNサービス
WAF インスタンス
AWS EC2 インスタンス
メタデータ サービス
AWS IAM
❹過剰な権限を有するWAFのロールを用いて、アクセスキーを窃取
http://169.254.169.254/latest/meta-data/iam/security-credentials/<role_name>
{
AccessKeyId: "<access_key>",
SecretAccessKey: "<secret_key>"
}
❺AWS CLIを使用して、AWS S3バケット内を調査
$aws s3 ls
❻S3バケットのデータを攻撃者端末に同期
$ aws s3 sync s3://<bucket>
AWS S3 バケット
❶攻撃者は匿名化ネットワーク(TOR: The Onion Router)やVPNサービスを悪用し、接続元を秘匿化する
❷SSRF攻撃によってプライベートサーバーにアクセスする
❸攻撃者はファイアウォールの検出をバイパスし、バックエンドサービスであるメタデータサービスにアクセスする
❹攻撃者は、SSRF攻撃とWAFの設定ミスを組み合わせることで、メタデータサービスから一時的に利用可能な資格情報を取得する
❺攻撃者は、資格情報を使用して全てのAWS S3バケットを列挙する
❻攻撃者の端末にS3バケット内のデータを同期することで、クレジットカードデータなどを不正に取得する

SSRFの脆弱性とは、フロントエンドのWebアプリケーションを介して、外部からは直接アクセスすることのできないバックエンドサーバーにリクエストを送信することが可能な脆弱性であり、これはクラウド環境に特有の攻撃ではありません。

ただし、クラウド上のインスタンスでホストされているWebアプリケーションにSSRFの脆弱性がある場合には、より効果を発揮する攻撃になります。クラウドサービスプロバイダーは、メタデータサービスという、APIを介してクラウド環境のさまざまなデータを取得できる機能を提供しています。SSRF攻撃によってリクエストを送信するバックエンドサーバーの宛先を、このメタデータサービスにリダイレクトさせることで、攻撃者はクラウドの外に居ながらにして、クラウド内のデータを取得できるようになります。

クラウドのインスタンス（AWS EC2など）には、他サービス（S3バケットなど）にアクセスする権限（ロール）が付与されており、本事象ではWAFに過剰な権限が付与されていたことから、それが悪用されてデータ抽出が行われてしまいました。

このインシデントから得られる教訓とは、どのようなものでしょうか。

AWSは、本事象の後にインスタンスメタデータに対する追加の防御機能（IMDSv2）を提供していますが、アプリケーションの脆弱性対策やクラウドのセキュリティ設定を利用ユーザーが実施していれば、防御することができたとされています。

たとえば、Webアプリケーションのセキュリティ対策や、クラウドのセキュリティ設定（例：ネットワークアクセス制限、インスタンスロールへの最小権限の付与、保管データの暗号化）、ログの監視によってリスク緩和できていた可能性があります。

本事象は、データ漏洩の規模が極めて大きく、データの性質上、社会的にも非常に大きな問題として取り上げられました。加えて、当該金融サービス会社は大規模なクラウドサービスを展開している組織であり、クラウドへの対応成熟度が高いと考えられている中で発生したため、多くの組織に内省を促すに足るインパクトがあった事故になりました。

データは組織における重要な資産であり、サイバー攻撃の主要な標的になっています。クラウドサービスプロバイダーはさまざまなデータプライバシーやコンプライアンスに準拠するための強固な対策をとっていますが、データを分類し、アクセスを定義し、適切な保護を実施することは、主としてユーザー側に委ねられています。

データを閉じ込めて保管できたオンプレミス環境からクラウド環境に移行するのに併せて、設定の誤りや攻撃者による侵害に対し、更に注意を払う必要があります。

- 参考：Nelson Novaes Neto, Stuart Madnick,Anchises Moraes G. de Paula, Natasha Malara Borges "A Case Study of the Capital One Data Breach"

  URL https://web.mit.edu/smadnick/www/wp/2020-16.pdf

クラウドネイティブ環境の事例

前述のデータ漏洩はクラウドプラットフォーム上で起きた事故でしたが、クラウドネイティブの環境に置き換えた場合でも、同じタイプの事象が想定されます。Kubernetes上で稼働するコンテナアプリケーションにSSRFの脆弱性が存在する場合の脅威シナリオ事例を紹介します。

●Kubernetes環境に対するSSRF攻撃

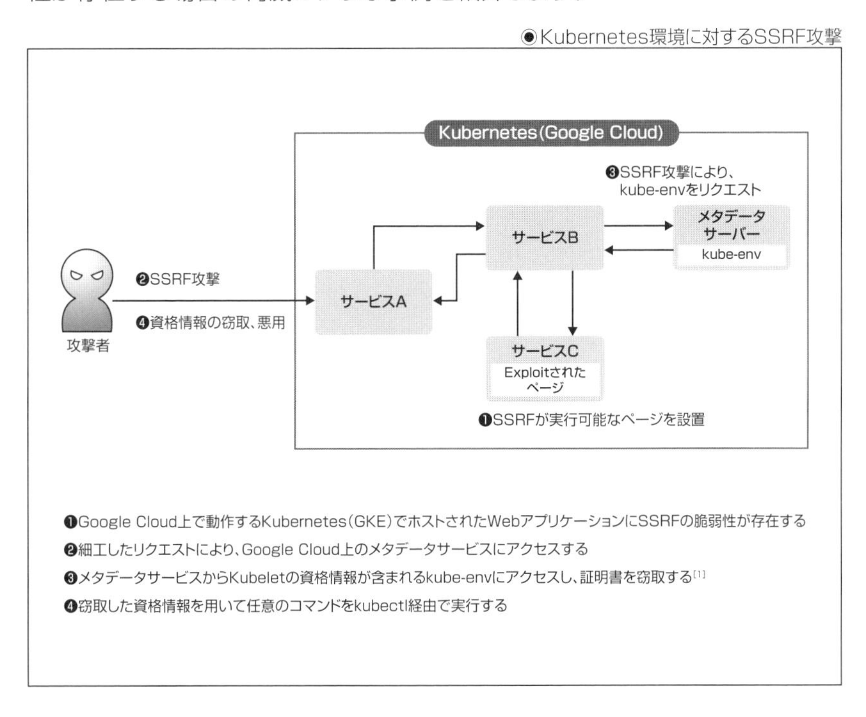
Kubernetes(Google Cloud)
❸SSRF攻撃により、
kube-envをリクエスト
サービスB
メタデータ
サーバー
kube-env
❷SSRF攻撃
❹資格情報の窃取、悪用
サービスA
攻撃者
サービスC
Exploitされた
ページ
❶SSRFが実行可能なページを設置
❶Google Cloud上で動作するKubernetes(GKE)でホストされたWebアプリケーションにSSRFの脆弱性が存在する
❷細工したリクエストにより、Google Cloud上のメタデータサービスにアクセスする
❸メタデータサービスからKubeletの資格情報が含まれるkube-envにアクセスし、証明書を窃取する[1]
❹窃取した資格情報を用いて任意のコマンドをkubectl経由で実行する

上記の脆弱性は、バグ報償金プラットフォームサービスで報告された、eコマース企業のシステムに存在した脆弱性の実例です。

- HackerOne「#341876 SSRF in Exchange leads to ROOT access in all instances」
  URL https://hackerone.com/reports/341876

また、クラスターの設定に不備がある場合においては、メタデータサービスに限らず、クラスターのコントロールプレーンのAPIサーバーに対しても同様の攻撃が成立してしまう可能性があります。

[1]:Kubernetes v1.9.3以降では、メタデータ隠蔽機能を有効化することでkube-envとVMインスタンスIDトークンを保護可能ですが、より安全なWorkload Identityの使用が推奨されています。詳しくは下記のページを参照してください。
https://cloud.google.com/kubernetes-engine/docs/how-to/protecting-cluster-metadata

SECTION-17
クラウドネイティブ環境における セキュリティリスク

クラウドネイティブ環境は、多くの要素から構成されており、さまざまなセキュリティリスクが想定されます。本節では、クラウドネイティブ環境におけるセキュリティリスクについて解説します。

クラウドネイティブなIT環境では、パブリッククラウドやプライベートクラウド上で動作する仮想マシン、コンテナ、サーバーレスなどの各コンポーネントが連携しながらシステムが構成されます。ここでは、クラウドネイティブセキュリティを考えるために引用されることの多い、Kubernetesセキュリティモデルの**4C(Cloud、Cluster、Container、Code)**を参考に、レイヤーに分けてセキュリティリスクを考えてみます。

- クラウド(パブリッククラウド、プライベートクラウド)におけるリスク
- クラスター(オーケストレータ)のリスク
- コンテナ(イメージ、コンテナ、ランタイム)のリスク
- アプリケーションコードのリスク

◉クラウドネイティブセキュリティリスクの概要

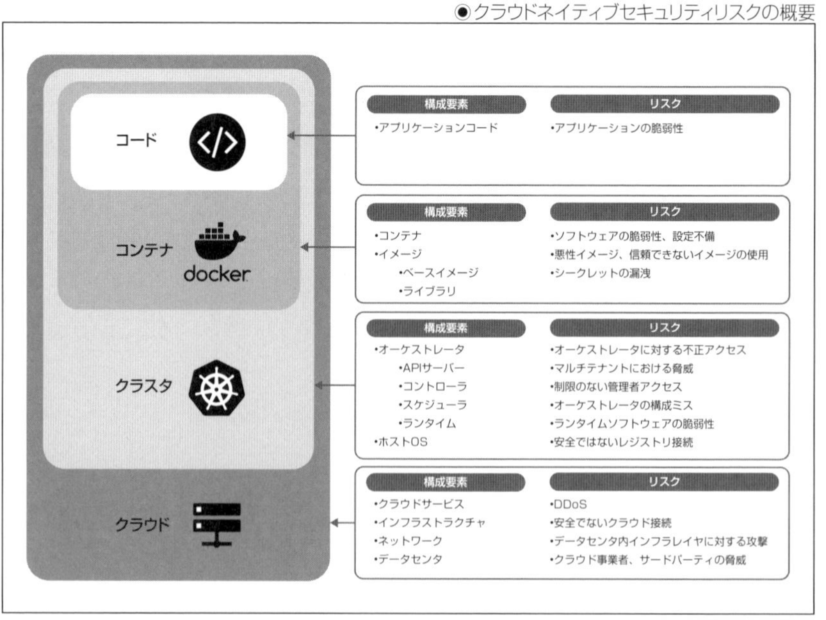

※参考：kubernetes.io「Overview of Cloud Native Security」(https://kubernetes.io/docs/concepts/security/overview/)

クラウドサービスの黎明期においては、組織はセキュリティ上の懸念から重要データや業務システムをクラウド上で利用することが忌避される傾向がありましたが、「クラウド・ファースト」が謳われる昨今においては、組織は積極的にクラウドサービスを活用しています。クラウドサービスプロバイダーおよび利用ユーザーの双方のセキュリティ対策の継続的な努力の結果、実際、コンプライアンスやデータの機密性が高い企業においても、抵抗感なく、クラウドサービスの利用が浸透しているといえるでしょう。

しかし、クラウドベースのシステム開発が進歩を続ける一方で、クラウドサービスの設定ミスやハッキングによるデータ侵害インシデントはたびたび発生し続けており、いまだ根深い問題として組織のセキュリティ担当者を悩ませる種となっています。

Cloud Security Allianceが公開している、『クラウドの重大セキュリティ脅威 11の悪質な脅威』[2]では、下表のようなクラウドリスク、脅威、脆弱性が挙げられています(重要度順にランク付け)。

No.	セキュリティ問題
1	データ侵害
2	設定ミスと不適切な変更管理
3	クラウドセキュリティアーキテクチャと戦略の欠如
4	ID、資格情報、アクセス、鍵の不十分な管理
5	アカウントハイジャック
6	内部者の脅威
7	安全でないインターフェースとAPI
8	弱い管理プレーン
9	メタストラクチャとアプリストラクチャの障害
10	クラウド利用の可視性の限界
11	クラウドサービスの悪用・乱用・不正利用

特筆すべき点として、一般的な脅威、リスク、脆弱性として挙げられていた脅威(例:サービス妨害、マルウェア、不正アクセス)が含まれておらず、また、クラウドサービスプロバイダーが管理する領域におけるリスクは、クラウド上のセキュリティ問題として大きく取り上げられているわけではないことです。

上記の多くは、クラウドサービスをユーザーが安全に構成、利用できているかが主な論点になっていると考えられます。また、クラウドでは特に重要となるIDアクセス管理、API、管理プレーンの保護、可視性の問題が含まれていることも注目すべき点です。

[2]:Cloud Security Alliance『クラウドの重大セキュリティ脅威 11の悪質な脅威(Top Threat to Cloud Computing The Egregious 11)』(https://www.cloudsecurityalliance.jp/site/wp-content/uploads/2019/10/top-threats-to-cloud-computing-egregious-eleven_J_20191031.pdf)

企業におけるIT環境は、従来から利用しているデータセンター内に配置されたシステムに加え、クラウドサービスへと拡大しており、それぞれの環境でさまざまなデプロイメントタイプ（IaaS/PaaS/SaaS/CaaS/FaaS）で実行されるワークロードに対する脅威、脆弱性、リスクを検討する必要があります。クラウドレイヤーはクラウドネイティブセキュリティの根幹であり、インフラ上で動作するワークロードをセキュアにするための前提となります。

セキュリティの責任共有モデルと呼ばれる、クラウドサービスプロバイダーと利用ユーザーとの責任分界に応じた、クラウドサービスプロバイダーとユーザーが管理するセキュリティ領域が存在します。クラウドリスクを低減するためには、ユーザーが行うべきセキュリティのスコープと適切な対策の実装に対する理解が不可欠です。

また、動的に環境が変化し、アーキテクチャが抽象化されたクラウドサービスにおいては、可視性の低下や管理外クラウドやインスタンスの増加などにより、設定ミスを引き起こすリスクが高まります。継続的にセキュリティを維持するためのクラウドセキュリティガバナンスを構築し、クラウドリスク管理を行う態勢構築が重要と言えるでしょう。

クラスター自身のセキュリティは、その基礎をなすホストOSのセキュリティに依存します。同様に、ホストOSのセキュリティはクラウドインフラストラクチャのセキュリティに依存します。

セキュアSDLC（Software Development Lifecycle）を実践してアプリケーションを堅牢に保っていたとしても、コンテナ/ホスト/クラスター/クラウドの設定不備によって、システムとしては容易に脆弱になり得ます。

最も外側に位置する「クラウド」のレイヤーでは、クラウドサービスプロバイダーの管理コンソールの資格情報が乗っ取られたケースや、データセンターの物理セキュリティが不十分な場合には、当然、その上で動作しているシステムのセキュリティは担保できません。多層防御は重要であることに変わりはありませんが、根幹を揺るがす影響が出ないように、環境全体としてセキュリティを高めていく視点を持つことが重要です。

続いて、クラスターレイヤー・コンテナレイヤー・コードレイヤーのリスクについてみていきましょう。

クラウドネイティブ環境では、クラウドインフラストラクチャの上で、コンテナやマイクロサービスが稼働し、より複雑なアーキテクチャへと変化します。変化したアーキテクチャに合わせて、新たなセキュリティリスクについても注意を払う必要があります。

コンテナセキュリティを検討する際に参照にされることの多い、**米国国立標準技術研究所(NIST)**が発行した『**アプリケーションコンテナセキュリティガイド(SP800-190)**』[3]で言及されている主要なセキュリティリスクについて紹介します。

NIST SP800-190で記載されている、コンテナ技術のコアコンポーネントの主要なリスクは下表の通りです。

No.	対象	リスク
1	イメージ	イメージの脆弱性
2	イメージ	イメージの設定不備
3	イメージ	埋め込まれたマルウェア
4	イメージ	埋め込まれた平文テキストシークレット
5	イメージ	信頼できないイメージの使用
6	レジストリ	レジストリへのセキュアでない接続
7	レジストリ	古いイメージの使用
8	レジストリ	レジストリアクセスに対する認証・認可の不十分な制限
9	オーケストレータ	無制限の管理アクセス
10	オーケストレータ	不正アクセス
11	オーケストレータ	不十分なネットワークトラフィックの分離
12	オーケストレータ	異なる機密レベルのワークロードの混在
13	オーケストレータ	オーケストレータノードの信頼
14	コンテナ	ランタイムソフトウェアの脆弱性
15	コンテナ	安全でないランタイム設定
16	コンテナ	無制限のコンテナからのネットワークアクセス
17	コンテナ	アプリケーションの脆弱性
18	コンテナ	ローグコンテナ(不正なコンテナ)
19	ホストOS	広範な攻撃サーフェース
20	ホストOS	共有されたカーネル
21	ホストOS	ホストOSコンポーネントの脆弱性
22	ホストOS	不適切なユーザーアクセス権限
23	ホストOS	ホストOSファイルシステムの改竄

[3]:IPAによる邦訳は「https://www.ipa.go.jp/files/000085279.pdf」

コンテナを用いたクラウドネイティブアプリケーションでは、ホストOS、オーケストレータ、レジストリのようなインフラストラクチャレベルでのセキュリティ対策と、アプリケーション開発ライフサイクル全体に係るセキュリティ対策の両側面からのアプローチが求められていることがわかります。

コンテナを実行するKubernetesをはじめとしたオーケストレータは、複数のコンポーネントから構成されており、コンテナを自動的に実行、スケジューリングするために各種機能が複雑に連携しています。オーケストレータに対する脅威、脆弱性はさまざまであり、技術的な複雑性から攻撃対象領域が把握しにくくなっていることがセキュリティ対策上の課題となり得ます。また、クラスターをマルチテナントとして複数の組織で共有するケースでは、トラフィックやノードの分離のように、脅威が伝播してこないようにリスク緩和を行う必要があります。

コンテナ化されたアプリケーションでは、読み取りのみ可能な不変なイメージレイヤーと、読み書きが可能なコンテナレイヤーから構成されています。従来のアプリケーション実行環境では、ホストOS上にミドルウェア、アプリケーションライブラリをインストールし、アプリケーションコードが実行されていましたが、コンテナではそれらを静的なアーカイブされたファイルとして取り扱うことで、最小限の構成で、どこでも動作させられるというメリットを生み出しています。

セキュリティリスクの観点からみると、ソフトウェアの脆弱性、設定不備、外部から持ち込むソフトウェア/ライブラリ/コードに含まれる脅威、秘密情報の露見のように、コンテナになった場合であっても基本的な検討項目に大きな変化はありません。ただし、コンテナの特性やライフサイクルに合わせたセキュリティ対策の実施が必要です。

イメージに含まれるソフトウェアが限定されていたとしても、外部から取得したコンポーネントは検査する、セキュリティ設定を強化する、脆弱性対応は継続的に実施するといった基本的な対策を行う必要があります。実際に、外部レポジトリから取得したイメージに、マイニングマルウェアが含まれるコンテナが含まれていた例や、SSH鍵やハードコードされたアクセスキーがイメージ残存したままで外部に露見するといった事例もあり、コンテナにまつわるセキュリティリスクに対応するための対策が不可欠です。

SECTION-18

クラウドネイティブ環境の脅威分析

前述の通り、クラウドネイティブ環境におけるセキュリティリスクは、従来環境のリスクに加えて新たなリスクについても想定する必要があります。本節では、クラウドネイティブ環境の脅威分析を通じて、新たな攻撃対象や攻撃手法についての理解を深めていきます。

脅威分析の重要性

脅威アクタが保護対象システムに対して取りうる攻撃活動を分析する**脅威分析**は、システムアーキテクチャを堅牢にし、アプリケーションにセキュリティ保護を実装するために従来から行われてきました。

システムがクラウドネイティブにシフトすることで、攻撃対象領域が変化し、攻撃に用いたれる手法も変化しています。

効果的なセキュリティ対策を検討ために脅威分析を行うことは、以前にも増して重要になっていると考えられます。組織における重要な資産(クラウンジュエル)を保護するために、攻撃者によってどのような方法、経路で侵害され得るのか、セキュリティ担当者、開発者、アーキテクトは十分に検討する必要があるでしょう。

まずは、コンテナ化されたアプリケーションで構成されるシステム全体における脅威を俯瞰してみましょう。

●クラウドネイティブ環境への攻撃ベクトルイメージ

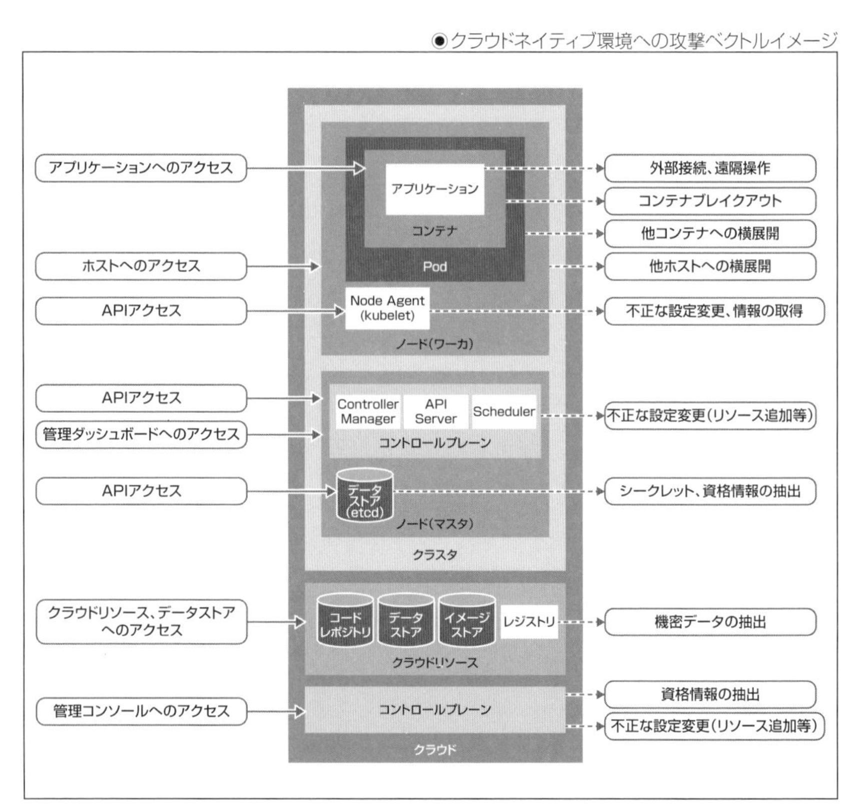

※参考:Liz Rice, Michael Hausenblas, O'Reilly『Kubernetes Security』(https://www.oreilly.com/library/view/kubernetes-security/9781492039075/)

クラウドネイティブの4Cのモデルでは、レイヤー化されたコンポーネントでシステムが構成されます。

各コンポーネントには、脆弱性やセキュリティ設定の不備が含まれるおそれがあり、攻撃者はそれらの悪用を試みます。攻撃ベクトルとしては、外部公開の有無によって攻撃される可能性は変化するものの、コンポーネントごとにアクセスが存在し、攻撃される可能性があります。

たとえば、外部公開されたアプリケーションに脆弱性が存在した場合には、アプリケーションを介してコンテナに侵入されたり、内部ネットワークのみに公開されているAPIサーバーへリクエストを送信されたりするかもしれません。他にも、正規ユーザーにのみアクセスを許可していたコントロールプレーンへのアクセスを、資格情報が窃取されることでクラウド、クラスター、ノードが乗っ取られてしまうかもしれません。

具体的な例として、コンテナの脅威分析と対策について見ていきます。『OWASP Docker Top 10』[4][5]では、Dockerにまつわる8つの脅威が示されています。

●OWASP Docker脅威分析

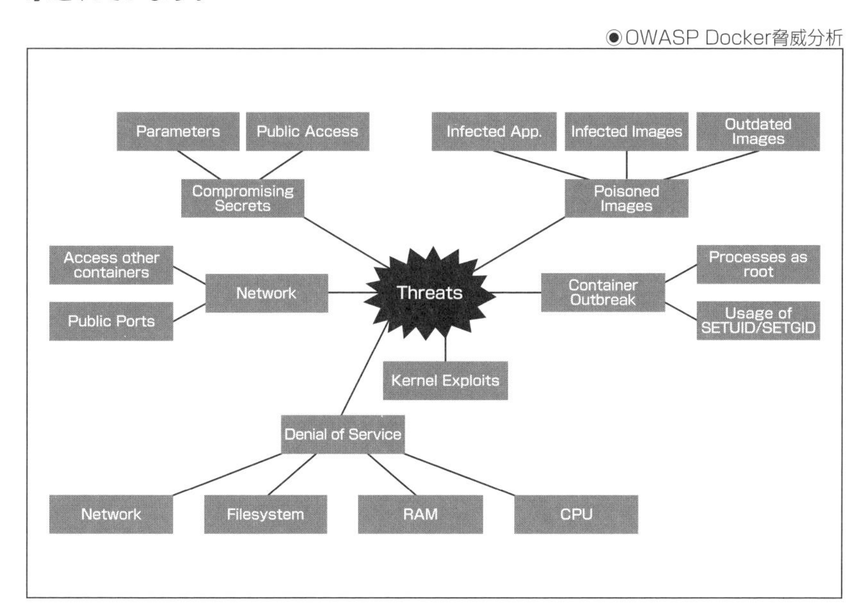

脅威	攻撃例
脅威1:コンテナブレイクアウト	・コンテナへのリモートアクセス ・カーネルエクスプロイト ・権限昇格
脅威2:ネットワークを介した他のコンテナへのアクセス	・別コンテナへの横展開 ・マルチテナントでの横展開
脅威3:ネットワークを介したオーケストレーションツールの攻撃	・コントロールプレーンへの攻撃 ・認証がない/保護されていない管理ポート
脅威4:ネットワークを介したホストへの攻撃	・ホストのオープンポート
脅威5:ネットワークを介した他のリソースへの攻撃	・保護されていないネットワークファイル共有 ・ディレクトリサービスへのアクセス ・CI/CDツールへのアクセス ・ネットワークスプーフィング
脅威6:リソースの枯渇	・CPU、RAM、ネットワーク、ディスクI/Oなどのリソース消費
脅威7:ホストの侵害	・別コンテナ、ネットワークを介したホストへの侵害
脅威8:イメージの完全性	・イメージの改竄

これらの脅威に対応するための対策として、次のTop 10セキュリティコントロールが示されています。

[4]:「OWASP Docker Top 10」(https://owasp.org/www-project-docker-top-10/)
[5]:日本語訳は著者が実施

◆D01-安全なユーザーマッピング

ほとんどの場合、コンテナ内のアプリケーションはデフォルトの管理者権限であるrootで実行されます。これは最小特権の原則に違反し、攻撃者がアプリケーションからコンテナに侵入した場合、攻撃者がアクティビティをさらに拡張する可能性が高くなります。ホストの観点からは、アプリケーションをrootとして実行しないでください。

◆D02-パッチ管理戦略

ホスト、封じ込めテクノロジー、オーケストレーションソリューション、およびコンテナー内の最小限のオペレーティングシステムイメージには、セキュリティバグがあります。一度公に知られるようになると、セキュリティ体制がこれらのバグにタイムリーに対処することが不可欠です。上記のすべてのコンポーネントについて、それらを本番環境に移行する前に、定期パッチと緊急パッチをいつ適用するかを決定する必要があります。

◆D03-ネットワークセグメンテーションとファイアウォール

ネットワークを事前に適切に設計する必要があります。オーケストレーションツールからの管理インターフェイス、特にホストからのネットワークサービスは重要であり、ネットワークレベルで保護する必要があります。また、他のすべてのネットワークベースのマイクロサービスが、ネットワーク全体ではなく、このマイクロサービスの正当なコンシューマにのみ公開されていることを確認してください。

◆D04-セキュアなデフォルトと強化

ホストとコンテナのオペレーティングシステムとオーケストレーションツールの選択に応じて、不要なコンポーネントがインストールまたは開始されないように注意する必要があります。また、必要なすべてのコンポーネントを適切に構成してロックダウンする必要があります。

◆D05-セキュリティコンテキストを維持する

1つのホスト上の本番コンテナを、未定義または安全性の低いコンテナの他のステージと混在させると、本番へのバックドアが開かれる可能性があります。また、たとえばフロントエンドとバックエンドサービスを1つのホストで混在させると、セキュリティ上の悪影響を与えるおそれがあります。

◆ D06-シークレットを保護する

ピアまたはサードパーティに対するマイクロサービスの認証と認可には、シークレットを提供する必要があります。攻撃者にとって、これらのシークレットにより、攻撃者はより多くのデータやサービスにアクセスできる可能性があります。したがって、パスワード、トークン、秘密鍵、または証明書は、可能な限り保護する必要があります。

◆ D07-リソース保護

すべてのコンテナが同じ物理CPU、ディスク、メモリ、ネットワークを共有するため、これらの物理リソースは、制御不能になっている単一のコンテナが（意図的かどうかにかかわらず）他のコンテナーのリソースに影響を与えないように保護する必要があります。

◆ D08-コンテナイメージの整合性と出所

コンテナ内の最小限のオペレーティングシステムがコードを実行し、オリジンからデプロイメントまで、信頼できるものである必要があります。保管時、転送時のすべておいてイメージが改ざんされていないことを確認する必要があります。

◆ D09-イミュータブルのパラダイムに従う

多くの場合、コンテナイメージは、一度セットアップしてデプロイすると、ファイルシステムやマウントされたファイルシステムに書き込む必要はありません。このような場合、コンテナーを読み取り専用モードで開始すると、セキュリティ上の利点がさらに高まります。

◆ D10-ロギング

コンテナイメージ、オーケストレーションツール、およびホストの場合、システムおよびAPIレベルですべてのセキュリティ関連イベントをログに記録する必要があります。すべてのログはリモートである必要があり、共通のタイムスタンプが含まれている必要があり、改ざん防止が必要です。アプリケーションは、リモートロギングも提供する必要があります。

このように、想定される脅威を列挙し、それらの脅威から資産をどのように保護するのか、脅威を検出するのかといった流れで対策検討を行うと理解しやくなります。脅威分析はセキュリティ上の影響を理解し、必要な対策の優先度を検討することに役立てることができます。

クラウド環境における攻撃手法

サイバー攻撃は、自然災害とは異なり、必ず敵対的な脅威アクタが存在し、意図を持って行われる事象である認識を強めることが重要です。古くから、「敵を知り、己を知る(Know your enemy, know yourself)」といわれるように、攻撃者の活動と自組織のリソース(環境、データ、人材など)と弱点を知ることがサイバーリスク管理の第一歩です。

ここでは、攻撃者の活動を知るための体系化されたフレームワークとして、MITRE社が開発した『**ATT&CK for Enterprise**』から、『**Enterprise Cloud Matrix**』を紹介します。

高度サイバー攻撃の活動プロセスを説明するモデルとしては、Lockheed Martin社が提唱した『Cyber Kill Chain』が有名ですが、昨今は『ATT&CK for Enterprise』が活用されることも多く、脅威分析、ペネトレーションテスト、セキュリティ分析、防御・検知技術の実装などに幅広く活用されています。

攻撃者が組織内ネットワークにおいて標的とする目的に至る、**TTP(戦術(Tactics)、技術(Techniques)、手順(Procedures))**がマトリックスとして整理されており、攻撃者が行う可能性がある具体的な手法に紐付いた脅威対策(緩和策、検出方法)が提供されています。WindowsやLinuxなそのホストOSに対する攻撃に加えて、クラウド環境固有における脅威がまとめられたCloud Matrixでは、AWS、GCP、Azure、Office 365、Azure ADおよびSaaSのTTPが体系化されています。

ATT&CK Frameworkを活用することで、クラウドサービスプロバイダー利用に付随する潜在的な攻撃経路や攻撃手法について、セキュリティチームが検討することに役立てることができます。オンプレミスの攻撃分析に精通したセキュリティ担当でも、クラウドについては十分な知見を有していないケースもあり、クラウド環境特有の攻撃手法を理解する上でも非常に有用です。

戦術別に概略を以降に記載します。

◉MITRE ATT&CK Enterprise - Cloud Matrix

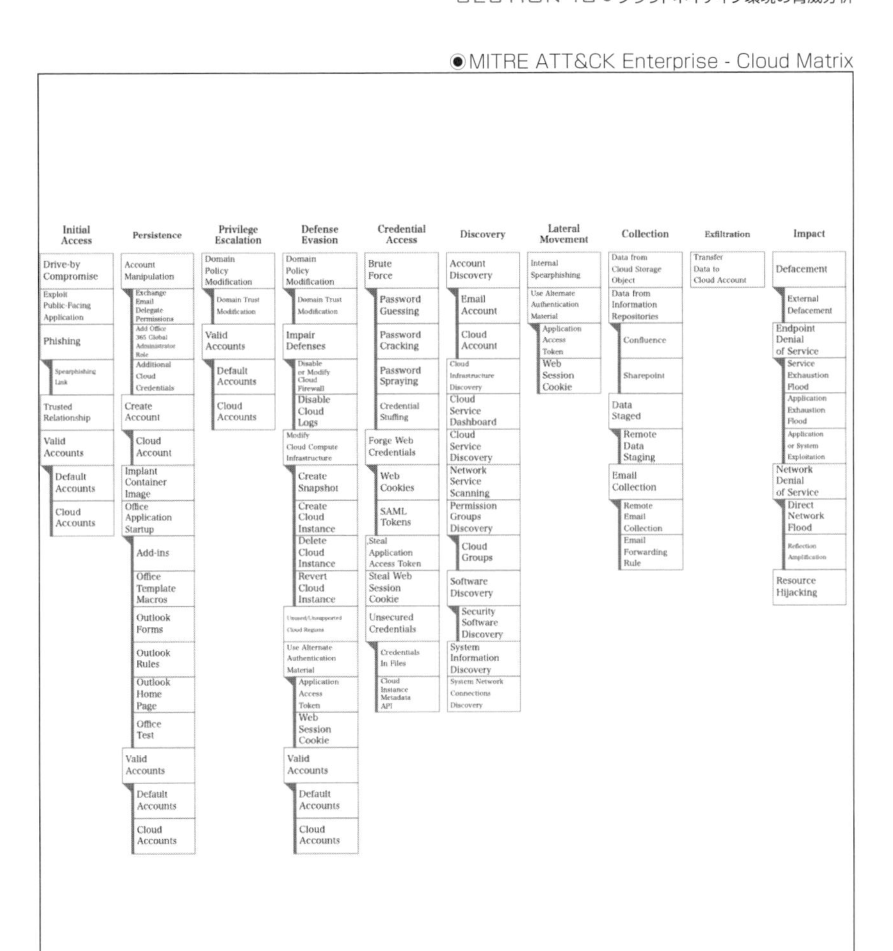

◆初期アクセス(Initial Access)

攻撃者は、組織の資産または環境にアクセスするために行う最初の手段は、フィッシングや外部公開されたアプリケーションのエクスプロイト等、オンプレミスとクラウドで類似しています。
注目するポイントとしては、アカウントの乗っ取りが従来の内部アカウント(例:ドメインアカウント)から、クラウドのユーザーアカウントとサービスアカウントを標的にすることに変化している点です。

クラウドの管理コンソールアカウントは、環境のすべてを掌握できる「王国の鍵」です。

◆永続化(Persistence)

システムまたは環境で長期間アクセスを維持するためのバックドアを設定します。攻撃者が環境への制御を継続的に維持するため、クラウドアカウントの操作(例:新規ユーザーの作成)や、PaaSデプロイへの悪性コードの埋め込み(例:コンテナ、サーバーレース)が新しいテクニックとして挙げられます。

IaaS/PaaSのようなクラウドサービスで行われるIDアクセスやリソース操作は、監査ログ(例:AWS CloudTrail)として保管する機能が提供されていますが、適切にモニタリングを行わない場合、脅威の兆候を見逃す恐れがあります。

◆特権の昇格(Privilege Escalation)

コンピューティングリソースに対する権限昇格は、従来と類似した方法によって行われますが、クラウドでの特権の昇格は、通常、より高い権限を有するクラウドアカウント(ロール)への昇格が、攻撃者にとって優先度の高い目標です。

多数のクラウドID、グループ、ロールを十分に管理することができないことで、過剰な権限が付与されているアカウントを攻撃者は探し出し、悪用を試みます。

◆防衛回避(Defense Evasion)

攻撃者は、防御回避戦術を駆使することで、侵入検知、マルウェア対策、サンドボックスなどのセキュリティ対策を回避します。クラウドファイアウォールの無効化や設定の変更、クラウドワークロードを削除するなどのクラウドリソースを操作し、攻撃痕跡の消去を試みる手法もあります。

世界中に展開されたクラウドリソースのうち、セキュリティ対策が未配備、未サポートのリージョンや、監視が手薄になっているサブリージョンを狙って攻撃する方法などは、クラウド特有の手法といえます。

◆資格情報へのアクセス(Credential Access)

アカウントに不正にアクセスする従来の試みには、脆弱性を悪用したエクスプロイトの他に、正規の資格情報を窃取することでアカウントを乗っ取る方法が挙げられます。

従来からある攻撃手法として、ユーザー名とパスワードに対するブルートフォース攻撃、ネットワーク通信の盗聴、秘密鍵へのアクセス、メモリからの資格情報のダンプが挙げられます。

また、クラウドの資格情報には、ユーザーID・パスワードだけではなく、SSH秘密鍵、APIキー、シークレットアクセスキーも含まれます。許可なしにクラウドアカウントにアクセスし、特権取得のためにクラウドメタデータAPIを悪用してアクセス認可を得る(一時トークン)方法なども、クラウド環境では一般的な戦術です。プログラムコード中にハードコードして埋め込まれたキーや、端末のローカルディスク上の設定ファイル、証明書のように、攻撃者が標的とするデータが広がっている点にも注意を払わなければなりません。

このようなアカウントの乗っ取りを防止するためには、多要素認証を使用することが最も近道です。

◆ ディスカバリ(Discovery)

攻撃者がシステムへのアクセスを得た後には、ユーザーデータ、特権、デバイス、アプリケーション、サービス、データなどの組織内の探索活動を行います。クラウドでは、クラウド管理コンソール、APIエンドポイント、相互接続されたアセットや外部サービスなどを収集することで、次の戦術の手掛かりを入手します。

特に、クラウドではAPI経由でさまざまな情報取得が可能となっているため、認証なしのAPIや窃取された資格情報の再利用によって、クラウドリソースのさまざまな情報を収集される可能性があります。

◆ 横展開(Lateral Movement)

攻撃者がシステムへのアクセスを得た後には、環境内のあるホストから別のホストへの移動を試みます。

オンプレミスのドメイン環境では、「Pass the Hash」、リモートアクセスツール、リモートサービスなどのような攻撃手法が典型的でした。

クラウドでは、クラウドのAPI、アクセストークン、サービスアカウントと権限、メタデータサービスの使用といった、主に資格情報の窃取やIDアクセス管理上の不備の結果として横展開が行われます。

◆コレクション(Collection)

攻撃者は、ターゲットとするデータや資格情報に関係するデータの収集を目指します。

クラウドでは、クラウドストレージに保管されたデータ、データベースに機密情報が保管されることが多く、利用ユーザーによる設定不備を攻撃者が悪用してデータを窃取する手法が最も可能性が高い攻撃経路になっています。

また、攻撃者はさらなる横展開やデータ取得を行うため、APIキーや秘密鍵などのシークレットに焦点を当てた収集活動が行われます。

◆持ち出し(Exfiltration)

攻撃者の目標が、ターゲット環境からデータ取得である場合、外部へのデータ転送が行われます。

クラウド環境のシナリオでは、別のクラウドストレージや同一サービスの別アカウントにデータを送信するのが一般的な戦術です。通常のデータ転送や既存のクラウドプロバイダー接続を悪用することで通常のトラフィックに紛れ込むケースや、同一のクラウドサービスプロバイダー内でのデータ移動のように、監視を逃れてデータを持ち出す方法が特徴的です。

◆影響(Impact)

攻撃の最終目標は、アクタやキャンペーンによって異なります。機密データの窃取、資産の改竄、サービス妨害以外にも、クリプトジャッキングのようなリソースハイジャックや他組織への攻撃の足掛かりとするサプライチェーン攻撃など、さまざまです。

MITRE ATT&CKは、攻撃者のTTPの進化に合わせて更新されています。詳細については、下記のURLを参照してください。

- MITRE ATT&CK Cloud Matrix

  URL https://attack.mitre.org/matrices/enterprise/cloud/

クラウドネイティブ環境に対する攻撃手法

続いて、MITRE ATT&CK Frameworkのコンセプトを基に、Microsoftによって開発されたKubernetesに対する脅威マトリックス『**Threat matrix for Kubernetes**』(Kubernetes脅威マトリックス)について紹介します。

- Yossi Weizman, Microsoft『Threat matrix for Kubernetes』
  URL https://www.microsoft.com/security/blog/2020/04/02/attack-matrix-kubernetes/

- Yossi Weizman, Microsoft『Secure containerized environments with updated threat matrix for Kubernetes』
  URL https://www.microsoft.com/security/blog/2021/03/23/secure-containerized-environments-with-updated-threat-matrix-for-kubernetes/

なお、Wei Lien Dang氏がStackRox(https://www.stackrox.com/)にて解説している『Protecting Kubernetes Against MITRE ATT&CK』[6]シリーズも参考になります。

当該マトリックスは、Kubernetesに特化して整理されていますが、コンテナオーケストレーションに対する一般化された攻撃手法としても示唆を得ることが可能です。

●Threat Matrix for Kubernetes

Innitial Access	Execution	Persistence	Privilege escalation	Defense evasion	Credential access	Discovery	Lateral movement	Collection	Impact
Using cloud credentials	Exec into container	Backdoor container	Privileged container	Clear container logs	List Kubernetes secrets	Access the Kubernetes API server	Access cloud resources	Images from private registry	Data destruction
Compromised images in registry	New container	Writable hostPath mount	Cluster-admin binding	Delete Kubernetes events	Mount service principal	Access Kubelet API	Container service account		Resource hijacking
Kubeconfig file	Application exploit	Kubernetes CronJob	hostPath mount	Pod / container name similarity	Access container service account	Network mapping	Cluster internal networking		Denial of service
Vulnerable application	SSH server running inside container	Malicious admission controller	Access cloud resources	Connect from proxy server	Application credentials in configuration files	Access Kubernetes dashboard	Applications credentials in configuration files		
Exposed sensitive interface	Sidecar injection				Access managed identity credential	Instance Metadata API	Writable volume mounts on the host		
					Malicious admission controller		CoreDNS poisoning		
							ARP poisoning and IP spoofing		

1
2
3 クラウドネイティブにおけるセキュリティ脅威
4
5
6
7

◆初期アクセス(Initial Access)

攻撃者がKubernetesクラスターにアクセスを得るための最初の攻撃ベクトルとして、次のような手法が挙げられます。

- クラウド資格情報の使用
  - クラスタがクラウドサービスプロバイダーでホストされている場合、攻撃者がクラウドの資格情報を得ることで、クラスターへアクセスできる可能性がある。
- レジストリ内の侵害されたイメージ
  - 攻撃者は、パブリックレジストリにバックドアが含まれるイメージを登録する、プライベートレジストリ内に悪性イメージを登録する等して、利用ユーザーが当該イメージをクラスターにデプロイするのを待ち受ける。
- Kubeconfigファイル
  - クラスター操作クライアント `kubectl` のコンフィグファイル `kubeconfig`(通常、`$HOME/.kube/config` に保存)には、クラスター情報と認証情報が含まれており、攻撃者はクライアントPCに侵入するなdpの方法で資格情報を窃取する。
- アプリケーションの脆弱性
  - 公開されたコンテナアプリケーションは、攻撃者がアクセスできる最も可能性が高いエントリーポイントであり、アプリケーションにリモートコード実行の脆弱性が存在する場合などは、攻撃者はKubernetes APIサーバーへアクセスできる可能性がある。
- 外部公開された機密性の高いインターフェース
  - Kubernetes Dashboardのように、クラスターリソースの管理に使用できるWebインターフェースなどが外部公開されている場合、攻撃者はクラスターの操作や悪性コードの実行を行う可能性がある。

◆実行(Execution)

クラスターへのアクセス権限を得た攻撃者は、目的遂行のために次のような攻撃活動を実行する可能性があります。

- コンテナ内での実行
  - `kubectl exec` コマンドのような、コンテナ内でコマンド発行を行う手法。
- コンテナ内のbash/cmd
  - コンテナ内で悪性コードを含むbashスクリプトを実行する手法。

---

[6]:最新は「https://www.stackrox.com/post/2020/09/protecting-against-kubernetes-threats-chapter-9-impact/」。このページから他の記事へのリンクがある。

- 新規コンテナ
  - 新しいPodを起動する権限を持つ攻撃者は、`Deployment/DaemonSets/ReplicaSets` などの新規Podを起動するためのリソースを作成する。
- アプリケーションエクスプロイト
  - アプリケーションにリモートコード実行の脆弱性が存在する場合、攻撃者はKubernetes APIサーバーにアクセスすることでコンテナにアタッチされたサービスアカウント権限でのクラスター操作が可能。
- コンテナ内で実行されているSSHサーバー
  - コンテナ自体にSSHサービスが起動しており、攻撃者が資格情報を有している場合には、リモートアクセスを通じて悪意のある活動を行うことが可能。
- サイドカーインジェクション
  - 攻撃者は新しいコンテナを起動する際に、サイドカーコンテナを使用することで攻撃活動の秘匿を試みる。

◆ 永続化(Persistence)

Kubernetesクラスターへのアクセスやコマンド実行を継続的に維持するため、攻撃者は次のような手法をとる可能性があります。

- バックドアコンテナ
  - コンテナで悪意のあるコードを実行し続けるため、`DaemonSets` や `Deployment` 等のKubernetesコントローラを使用することで、常に一定数以上のバックドアコンテナがクラスター内で実行されるようにする。
- 書き込み可能なhostPathマウント
  - コンテナから書き込み可能なホストファイルシステム上のファイル(例:cronjob)を変更し、コンテナでの悪性コードの実行やコンテナへのアクセスの維持を試みる。
- Kubernetes CronJob
  - Kubernets Jobを使用し、悪性コードを実行するスケジュールジョブを作成する。
- 悪性のAdmission Controller
  - 攻撃者は、KubernetsAPIに対する通信を悪意のあるAdmission Webhookを使用してインターセプトし、改ざんすることで永続化を試みる。

◆特権の昇格(Privilege Escalation)

攻撃者はクラスターでより多くの操作を実行するため、コンテナからホストへの制御を奪取するために、次のような権限昇格の手法をとる可能性があります。

- 特権コンテナ
  - コンテナに施されたホストからの分離、制限が取り払われた特権コンテナを攻撃者が作成することで、ホストリソースへのアクセスを行う。
- cluster-adminへのバインド
  - ビルトインのクラスター管理者(`cluster-admin`)ロールの奪取や、`role binding`のRBAC権限を持つ攻撃者によって、高い権限のロールへの紐付けを行う。
- hostPathマウント
  - コンテナにマウントされたホストのボリュームから、ホストファイルシステムへのアクセスや、同一ホスト上の他コンテナへの侵害を行う。

◆防衛回避(Defense Evasion)

攻撃者は痕跡の消去やセキュリティ防御/検知を回避するために、次のような手法をとる可能性があります。

- コンテナログのクリア
  - 攻撃痕跡を隠すため、コンテナのアプリケーションログ、システムログなどの削除を行う。
- Kubernetesイベントの消去
  - クラスター内でのイベントが記録された監査ログ(Kubernetesイベント)を削除する。
- 類似した名称のPod/コンテナ
  - `Deployment`や`DaemonSet`でPod名にランダムなサフィックスが付与される挙動を悪用し、攻撃者が作成したリソースを正規のリソースに紛れ込ませる。
- プロキシサーバーからの接続
  - 攻撃者はTORなどの匿名ネットワークを経由してクラスターにアクセスすることで、発信元IPアドレスを隠す。

◆資格情報へのアクセス(Credential Access)

シークレット、パスワード、トークンなど、機密性の高い資格情報を窃取することを目的した攻撃活動には、次のようなものがあります。

- Kubernetesシークレットの列挙
  - 攻撃者が `Secret` リソースにアクセスする権限を持つ場合、データベースサービスの資格情報やAPIキーなどの機密情報を窃取できる可能性がある。
- サービスプリンシパルへのマウント
  - Microsoft Azureで管理されているKubernetes(Azure Kubernets Service)のホストのファイルシステム上には、サービスプリンシパルファイルが保存されおり、攻撃者はhostPathマウントを通じて資格情報にアクセスできる可能性がある。
- コンテナサービスアカウントへのアクセス
  - 攻撃者は、コンテナにマウントされているサービスアカウントトークン(デフォルトでは自動マウント)を取得し、Kubernetes APIサーバーへのアクセスに使用する可能性がある。
- 構成ファイル内のアプリケーション資格情報
  - 環境変数等が含まれるPodの構成ファイルにシークレットが含まれる場合、攻撃者は保存されているシークレットを窃取する可能性がある。
- マネージドID資格情報へのアクセス
  - クラウドサービスプロバイダーによって管理されるIDは、インスタンスメタデータサービスにアクセスすることでIDの資格情報(トークン)を取得できる仕組みを悪用し、攻撃者はAPIを経由してトークンを取得、悪用する。
- 悪性のAdmission Controller
  - 永続化と同様、攻撃者はAPIサーバーへのリクエストを盗聴し、シークレットを記録するなどによって資格情報を盗み出す。

◆ディスカバリ(Discovery)

攻撃者は、横展開やクラスター内外のリソースにアクセスするため、さまざまな探索活動を行います。

- Kubernetes APIサーバーへのアクセス
  - Kubernetes APIサーバーに対するRESTful APIを通じて、クラスターリソースに関する情報を取得する。

- Kubelet APIへのアクセス
  - クラスターのワーカーノードにインストールされているクラスターエージェントKubeletのAPIエンドポイントにおいて、認証なしでリクエストを受け付ける設定になっている場合、攻撃者はリソース情報を収集できる。
- ネットワークマッピング
  - 攻撃者は、スキャナなどを用いてクラスター内のネットワークを探索する。
- Kubernetes Dashboardへのアクセス
  - Kubernets Dashboardを通じて、クラスター内のさまざまな情報を取得できる。
- インスタンスメタデータAPI
  - クラウドサービスプロバイダーが提供するメタデータサービスがコンテナからアクセスできる場合、攻撃者はコンテナやクラウドリソースに係る情報の取得や操作が可能な場合がある。

◆横展開(Lateral Movement)

攻撃者は、次のような方法を用いて、初期侵入したコンテナ/ノードから、他のコンテナ/ノードへの移動やクラウドリソースへの移動を試みます。

- クラウドリソースへのアクセス
  - クラウドサービスプロバイダー上でホストされているKubernetesクラスター上のコンテナから、他のクラウドリソースへのアクセスを試みる可能性がある。
- コンテナのサービスアカウント
  - コンテナにマウントされたサービスアカウントを使用し、クラスター内の追加のリソースにアクセスする可能性がある。
- クラスター内部のネットワーク
  - デフォルトではKubernetes Pod間の通信は制限されていないため、他のPodにアクセスする可能性がある。
- 構成ファイル内のアプリケーション資格情報
  - 「資格情報へのアクセス」と同様、窃取したシークレットを用いてクラスター内外のリソースにアクセスできる可能性がある。
- ホストへの書き込み可能なマウント
  - 攻撃者は、侵害したコンテナからホストボリュームにアクセスを試みる可能性がある。

- CoreDNSポイズニング
  - Kubernetesクラスターで使用されているDNSサーバーであるCoreDNSの名前解決で使用するConfigMapオブジェクトを改竄し、クラスターのDNS動作を変更する。
- ARPポイズニングとIPスプーフィング
  - Pod間通信においてARPポイズニングを実行し、他Podの通信になりすますことで、資格情報の窃取や横展開を行う。

◆コレクション(Collection)

攻撃者がクラスターから、またはクラスターを使用してデータ収集を行うために使用する方法として、下記が挙げられます。

- プライベートレジストリからのイメージ
  - 攻撃者がレジストリアクセスに必要が資格情報を入手している場合、レジストリに保管されたイメージを取得される可能性がある。

◆影響(Impact)

攻撃によって、次のような影響がクラスターに発生する可能性があります。

- データ破壊
  - 攻撃者は、クラスター内のデータやリソースを破壊する可能性がある。
- リソースハイジャック
  - 攻撃者は、侵害したリソースを悪用して、暗号通貨マイニング等の悪性タスクを実行する可能性がある。
- サービス妨害
  - 正規ユーザーのアクセスやビジネスを阻害する目的で、攻撃者はサービスの遮断等の妨害を行う可能性がある。

前述の通り、コンテナ化されたクラウドネイティブなアプリケーションシステムでは、レガシーアプリケーションシステムと比較して、異なる特有の手法を用いた攻撃が想定されます。クラウドネイティブ環境において、効果的なセキュリティ防御や検知を実現するためには、脅威の特徴を把握し、ベストプラクティスに従った適切なアーキテクチャ設計、実装、運用を行うことが重要です。

SECTION-19

クラウドネイティブ環境の脅威シナリオ例

本節では、クラウドネイティブ環境で想定される脅威シナリオとして、「脆弱なコンテナアプリケーションが侵害されたケース」を想定してみます。Kubernetes上で動作するコンテナ化されたWeb/APIベースのアプリケーションに脆弱性がある場合、どのようなリスクが想定されるでしょうか。

ここでは、外部攻撃者がアプリケーションの任意のコード実行が可能な脆弱性を悪用したと仮定し、起こりうる攻撃シナリオを想定してみます。

◉アプリケーションエクスプロイトを起点として攻撃フロー（例）

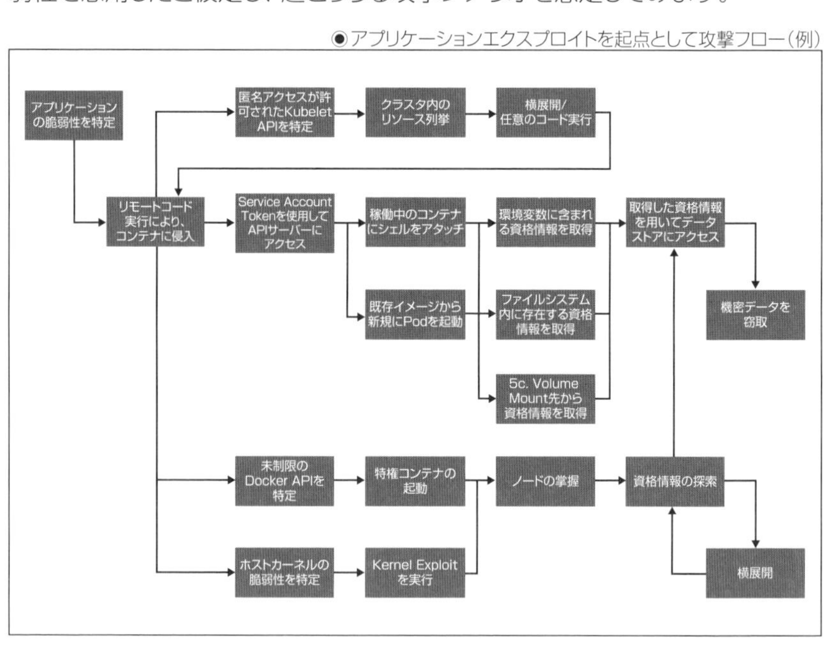

上図はアプリケーションの脆弱性を攻撃者が悪用し、リモートコード実行が可能な場合に取りうる攻撃手法の流れを記載したものです。もちろん、デフォルトの構成で発生し得るシナリオではなく、設定不備や脆弱性等の不幸が重なったワーストケースシナリオです。

まず、攻撃者は、コンテナ化の有無に関係なく、従来のアプリケーションと同じ方法で攻撃を実行します。リモートコード実行できるようになり、アプリケーションの実行環境を調査する過程で、Kubernetes上で動作していることを特定するでしょう。

次に攻撃者が優先して実行する可能性があることは、資格情報へのアクセスです。 `mount` コマンド実行の結果として、サービスアカウントトークンを見つける可能性があります(デフォルトでは、`/var/run/secrets/kubernetes.io/serviceaccount`)。サービスアカウントの認証情報(`ca.crt` および `token`)を入手することで、攻撃者はkube-apiserver(tcp:6443)にリクエストを発行できるようになります。

コンテナ内に `curl` コマンドが存在する場合には、次のような方法でリクエストを送信します。

```
curl -ks -H "Authorization: Bearer <token>" \
  https://<master_ip>:6443/api/v1/namespaces/<namespace>/secrets
```

攻撃者がファイルをコンテナ内に持ち込める場合には、公式レポジトリなどから `kubectl` コマンドをダウンロードして使用するかもしれません。

取得したサービスアカウントにバインドされたロールが、Podへの実行権限や作成権限を有している場合には、既存のコンテナにシェルをアタッチ(`kubectl exec -it <pod> -- /bin/bash`)し、さらなる環境調査を行うことが可能です。

同一Namespace内で横展開していく過程で、特権コンテナ、ホストファイルシステムへのアクセスが可能なコンテナ、資格情報が保管されたコンテナなどが存在した場合には、ホストノードの掌握や最終的な目標データにたどり着く可能性があります。

危険なPod構成の例として次のような例が挙げられます[7]。

```
apiVersion: v1
kind: Pod
metadata:
  name: vulnerable-pod
  labels:
    app: vuln
spec:
  hostNetwork: true # PodにHostNetworkを許可
  hostPID: true # PodにHostPIDを許可
  hostIPC: true # PodにHostIPCを許可
  containers:
  - name: vulnerable-pod
    image: ubuntu
    securityContext:
```

[7]:Seth Art「Bad Pods: Kubernetes Pod Privilege Escalation」(https://labs.bishopfox.com/tech-blog/bad-pods-kubernetes-pod-privilege-escalation)を参考にした。

```
      privileged: true # 特権モードで動作
    volumeMounts:
    - mountPath: /host
      name: noderoot
  volumes:
  - name: noderoot
    hostPath:
      path: / # ホストファイルシステムのルートに対してマウント
```


上記の例のように、コンテナ技術によってホストから分離されているリソースを意図的に許可しなければならない場合には、必要なスコープに限定した上でリスク緩和策を十分に検討することが重要です。

また、攻撃者はkube-apiserverの他にも、ノード上で動作しているKubelet APIや公開されたDocker APIに対してアクセスを試みるかもしれません。仮にKubelet APIが匿名認証を許可している場合には、認証なしでPodの一覧表示、コンテナ内でのコマンド実行、最悪はホストへのブレイクアウトを引き起こす可能性があります。

```
curl -ks -X POST https://<node_ip>:10250/run/<namespace>/<pod>/<container> -d "cmd=<command>""
```

ホストのDocker APIがコンテナ上からアクセスできる場合にはより危険度が高く、`docker` コマンドを叩くように任意のコンテナを操作されてしまう可能性があります。

さて、次に防御側の視点に戻ってセキュリティ対策を考えてみましょう。

攻撃のエントリーポイントとなった脆弱性を防ぐためにはセキュアSDLCに基づく、開発とテストを心がけることが重要ですが、100%バグがないソフトウェアを作成することは困難です。セキュアなアプリケーション開発に加えて、IDS/IPSやWAFなどのセキュリティ対策ソリューションを組み合わせながら保護能力を高めていくことが現実的です。

Kubernetesの設定についてはどうでしょうか。たとえば、サービスアカウントトークンの窃取によって、クラスター情報の収集や横展開に悪用されてしまいました。対策としてはRBACに基づく最小権限の付与や、デフォルトでPodに資格情報がマウントされないようにする(`automountServiceAccountToken: false`)など、複合的な対策を行うことが可能です。

他にも、Kubelet APIが匿名アクセスを許可しない（`--authorization-mode = Webhook`および`--anonymous-auth = false`）ことや、Admission ControllerでPodのsecurityContextの設定を検証するなど、ユーザーが考慮すべき対策はベストプラクティスに集約されています。

また、CIS Benchmarkを用いたスキャンを実行するなどの方法で、クラスターやコンテナが正しく設定されていることを自動的に検証することも可能です。

多層防御の原則に従い、想定される攻撃のすべてに緩和策と検知策を検討することが重要ですが、ビジネスニーズ、ユーザビリティ、運用保守性を考えたときに網羅的な対策が難しいことも出てきます。

その場合には、攻撃の侵入口を削減して脅威の発生可能性を低減する対策、最終的な保護対象における脅威の影響度を低減する対策など、リスク分析を通じて採用する対策の優先度を判断する必要があります。

チェックリストのように、漫然とベストプラクティスを使用するのではなく、攻撃の背景やリスクを理解した上でセキュリティ対策を検討することが重要です。

より広範なKubernetes環境への脅威分析について知りたい場合には、下記の『K8s Attack Tree』を参照してください。

- CNCF Financial Services User Group「K8s Attack Tree」
  URL https://github.com/cncf/financial-user-group/tree/master/projects/k8s-threat-model

本章のまとめ

本章では、クラウドネイティブのセキュリティ脅威として、Kubernetesにおける脅威に焦点を当てて見てきました。

クラウド、そしてクラウドネイティブでは、従来のオンプレミスからは攻撃対象領域が変化し、かつ、異なる方法で攻撃を受けるおそれがあります。

セキュリティ対策の第一歩は、脅威を知ることから始まります。クラウドネイティブにおける脅威分析の結果やインシデント事例を参考に、自組織に照らした場合にどうなるのかを想定しながら有効なセキュリティ対策を検討していくことが重要です。

CHAPTER 04
クラウドネイティブセキュリティ対策──技術編

本章の概要

本章では、「ハイブリッドクラウドにおけるセキュリティ」「イミュータブルインフラストラクチャにおけるセキュリティ」「コンテナにおけるセキュリティ」「宣言型APIにおけるセキュリティ」「マイクロサービスにおけるセキュリティ」のような、クラウドネイティブ環境における典型的なセキュリティテーマをピックアップし、一歩進んだセキュリティ対策のあり方について概説していきます。

SECTION-20

ハイブリッドクラウドセキュリティ

本節では、クラウドネイティブアーキテクチャにおいて典型的な、オンプレミスとクラウドが混在したシステムにおけるセキュリティ対策について解説します。

ハイブリッドクラウドにおけるセキュリティ課題

まず、ハイブリッドクラウドにおけるセキュリティ課題についてみていきましょう。

ハイブリッドクラウドモデルは、プライベートクラウドとパブリッククラウドの双方の利点を最大限に活用し、要件に合致する、最適なサービスとロケーションを選択できるため、多くの組織で採用が進んでいます。たとえば、ミッションクリティカルなシステムや機密性の高いシステムはプライベートのデータセンターに残し、拡張性と柔軟性が求められるシステムをパブリックのクラウドサービスで実装するといった具合に、セキュリティとプライバシーを犠牲にすることなく、クラウドへの移行を実現する選択肢がユーザーに与えられます。

とりわけ、コンテナ技術を活用することで、共通化された方式で、プライベート・パブリッククラウドの場所を問わずアプリケーションを展開、稼働させることができ、組織における開発・運用コストを最適化に寄与するといわれています。

コンセプトとしては、セキュリティ面においても大きなメリットがありそうなハイブリッドクラウドモデルですが、実環境では多くの課題を耳にします。過去に発生したクラウドにまつわるセキュリティインシデントを振り返ってみると、データ暗号化の欠如、システムへのアクセス制御の不備、弱いユーザー認証のように、典型的なセキュリティ不備に起因するものも多く、高度サイバー攻撃のように技術的な難度が高いものばかりではありません。

ハイブリッドクラウドでは、システム環境が分散化され、その各々において実施すべきセキュリティ対策が多岐に渡るという「複雑性の増大」や、動的に変化し、開発サイクルが高速化する「クラウドスピード」にセキュリティが追従できていないという点に、真の課題があると考えられます。

分散化、複雑化はリスク全体を把握することを困難にし、不十分な把握のまま行われるスピーディな環境の変化は、時に人的ミスを引き起こすリスクを内包しています。識別が不十分なリスクに対しては、適切な対応をとることができないため、リスク識別こそがハイブリッドクラウドセキュリティのコアコントロールといえるでしょう。

本節では、ハイブリッドクラウドにおいて直面する、新たなセキュリティ課題に対するアプローチとして、リスク管理に絞って、次の2つの観点から議論していきます。

- ハイブリッドクラウド全体をカバーするためのセキュリティ戦略
- セキュリティリスクやコンプライアンスリスクに対応するための可視性の維持とセキュリティポスチャー管理

ハイブリッドクラウドセキュリティ戦略

組織のセキュリティリスク管理とコンプライアンスについて、継続的かつ体系的に運営していくためには、どのタイプのリスクに、どのように対応していくのかなど、大きな方向性について示された**サイバーセキュリティ戦略**を持つことが重要です。

とりわけ、クラウド環境のように、動的にインフラストラクチャが変化し、さまざまな脅威に対応していくための目標と施策の優先順位を検討するためには、クラウドセキュリティにおける戦略を持つことが、特に重要になってくるでしょう。

IT戦略とアーキテクチャを踏まえた、リスクの評価・分析と対策目標を定めることでセキュリティガバナンスを構築していくわけですが、リスクの特定やセキュリティ対策の具体化には、セキュリティベストプラクティスやフレームワークの活用が有効です。

良く知られたセキュリティフレームワークとして、『**NIST Cybersecurity Framework(CSF)**』が挙げられます。多くの組織で、セキュリティリスクの特定や対策検討に用いられているNIST CSFですが、クラウドネイティブセキュリティの検討にも適用可能です。

- NIST Cybersecurity Framework Version 1.1(邦訳『重要インフラのサイバーセキュリティを改善するためのフレームワーク 1.1版』)
  URL https://www.ipa.go.jp/security/publications/nist/index.html

ここでは、NIST CSFを拡張した、『**OWASP Cyber Defense Matrix**』に基づき、クラウドネイティブセキュリティの体系的な整理手法について紹介します。

- OWASP Cyber Defense Matrix

  URL https://owasp.org/www-project-cyber-defense-matrix/

◆NIST CSFとOWASP Cyber Defense Matrix

NIST CSFでは、セキュリティを**5つの機能(特定、防御、検知、対応、回復)**と、各機能を細分化し、23個のカテゴリが設定されています。カテゴリはさらに細分化されており、包括的なセキュリティベストプラクティス集として参照することができます。

●NIST CSF セキュリティ機能 - カテゴリ

機能	カテゴリ
識別(ID)	資産管理(ID.AM)
	ビジネス環境(ID.BE)
	ガバナンス(ID.GV)
	リスクアセスメント(ID.RA)
	リスクマネジメント戦略(ID.RM)
	サプライチェーンリスクマネジメント(ID.SC)
防御(PR)	アイデンティティ管理、認証/アクセス制御(PR.AC)
	意識向上およびトレーニング(PR.AT)
	データセキュリティ(PR.DS)
	情報を保護するためのプロセスおよび手順(PR.IP)
	保守(PR.MA)
	保護技術(PR.PT)
検知(DE)	異常とイベント(DE.AE)
	セキュリティの継続的なモニタリング(DE.CM)
	検知プロセス(DE.DP)
対応(RS)	対応計画(RS.RP)
	コミュニケーション(RS.CO)
	分析(RS.AN)
	低減(RS.MI)
	改善(RS.IM)
復旧(RC)	復旧計画(RC.RP)
	改善(RC.IM)
	コミュニケーション(RC.CO)

OWASP Cyber Defense Matrixでは、横軸にNIST CSFの機能、縦軸に5つの保護対象資産(デバイス、アプリケーション、ネットワーク、データ、ユーーザー)を設定した、2次元のマトリックスとして表現されます。Cyber Defense Matrixでは、セキュリティ製品、セキュリティ担当者のスキルセット、KPI/KRIなどの指標、さまざまなセキュリティ対策の整理に活用可能ですが、ここではシンプルに、各セルに技術的なセキュリティ対策をマッピングしてみます。

●OWASP Cyber Defense Matrixマッピング例

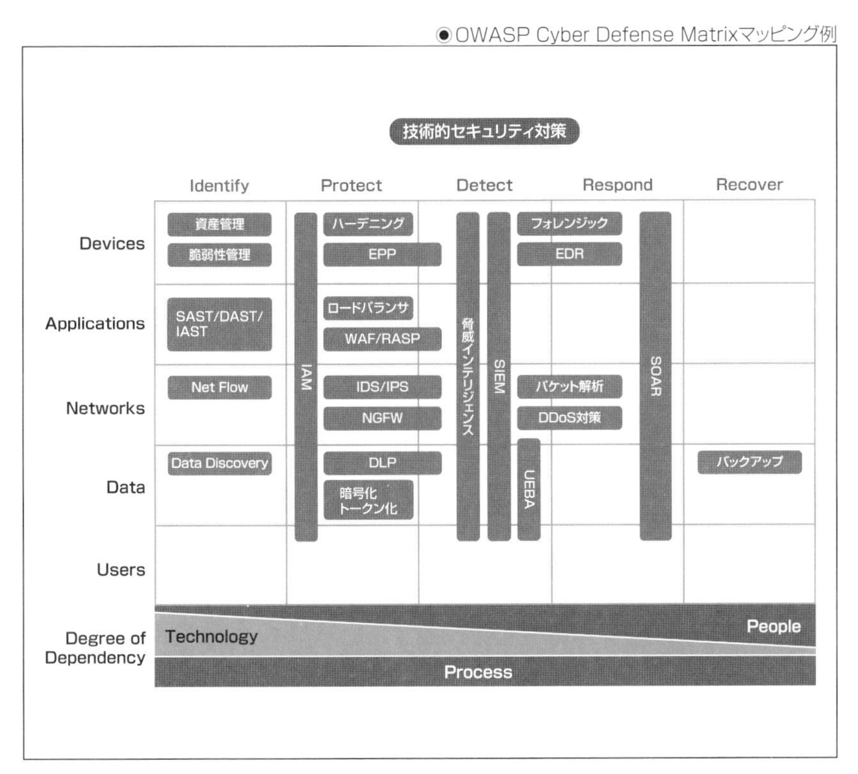

さて、これまでの検討で、クラウド環境、特にハイブリッドクラウド環境における主要な課題の1つに、複雑性の増加と分散化という、クラウドアーキテクチャ特有の問題を取り上げました。また、クラウドサービスでは、IaaSやSaaSなどの利用モデルごとにユーザーとクラウドサービスプロバイダーが責任を持つ領域が異なることを説明しました。

ここで、Cyber Defense Matrixを4C(Cloud、Cluster、Container、Code)に拡張してみましょう。

◉Cyber Defense Matrix × 4C ハイブリッドクラウドの整理イメージ

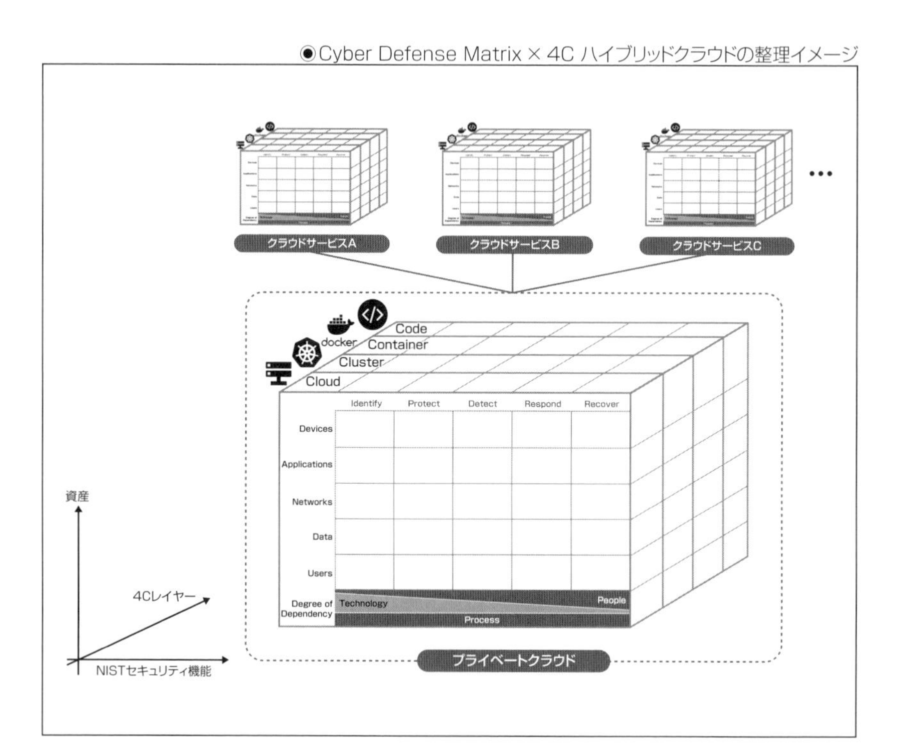

モデルが示すように、クラウドというマクロな視点における5つの機能と保護対象レイヤーごとの対策からはじまり、クラスター、コンテナ、コードごとにブレイクダウンしていき、その各々に実装すべき対策を整理していくイメージです。組織よっては、すべての環境で共通化されたセキュリティ対策(例：SIEM、IAM)を実装できている箇所もあれば、各環境に個別に対策を実装している箇所も出てくると思います。

ここで強調したいコンセプトは、Cyber Defense Matrixを用いて対策を整理することではなく、クラウドネイティブ環境全体に対して、フレームワークを用いて包括的に対策検討することの有効性です。

セキュリティベストプラクティスやフレームワークは、組織の対策方針を検討する上で非常に有用です。検討をゼロから始めるのではなく、積極的にベストプラクティスやフレームワークを活用することが推奨されます。特に、複雑なハイブリッドクラウド環境においては、レイヤー化されたモデルを用いて構成要素別に対策を検討することで、対策のカバレッジと抜け漏れを可視化し、最適化に向けた改善に繋げる示唆を得ることができます。

高度化する脅威と複雑化するIT環境に立ち向かうためには、個々のセキュリティ対策から議論せず、俯瞰的な視点からの方向感を持つことが重要です。従来から組織が有するセキュリティ戦略について、クラウド環境を踏まえたセキュリティ戦略へのアップデートが求められています。

可視性の維持とポスチャー管理

クラウドネイティブな環境では、技術レイヤーごとにさまざまなツールを駆使してアプリケーションのデータ保護やアクセス制御などのセキュリティ対策を実現されています。そして、複数のクラウドサービスプロバイダーを使用したマルチクラウド構成では、セキュリティ対策とリスク管理は複雑性を増し、異なる複数のセキュリティ管理コンソールやアラートに対応していかなければならなくなっており、セキュリティ管理が組織的な課題になりつつあります。

共通化されたクラウドワークロード保護製品の導入や、中央管理されたセキュリティログ監視基盤の構築のように、マルチクラウド構成を単一の技術で束ねて管理、運用する方法することで、複雑性を低減することも不可能ではありません。

しかし、さまざまなサードパーティの関与や異なる技術スタックの採用、セキュリティ分析用の巨大なデータレイクの作成といった具合に、すべてのセキュリティ対策を「中央集権的」に実現することは、マルチクラウド・ハイブリッドクラウド環境では、一筋縄ではいかず、対策実現に要する期間の長期化が懸念されています。

そこで、組織のセキュリティ担当やリスク担当が採用可能な、セキュリティ対策のはじめの一歩として、「クラウドセキュリティリスクの可視化とポスチャー管理」が注目されています。

セキュリティポスチャーという用語に耳慣れない方もいらっしゃるかもしれませんので、一般的な定義について補足しておきます。NISTでは、セキュリティポスチャーを次のように定義しています。

> 情報セキュリティリソース(人、ハードウェア、ソフトウェア、ポリシーなど)に基づく企業のネットワーク、情報、およびシステムのセキュリティステータスと、企業の防御を管理し、状況の変化に対応するための機能

日本語では、「セキュリティ体制(態勢)」と訳されることが多い用語ですが、端的にいえば、組織のITリソースに係るセキュリティの状態と対応能力と理解することができます。

昨今、クラウド環境におけるリスクの可視化と対策状況の管理を効率的に行うことができる、**クラウドセキュリティポスチャー管理(CSPM:Cloud Security Posture Management)**と呼ばれる製品/サービスが登場しています。AWS、Azure、GCPといった主要なクラウドサービスプロバイダーは、クラウドリソースに対するデータの取得、操作などに活用可能なAPIを公開しており、CSPMはこの機能を最大限に活用しています。

CSPMでは、IDやコンピューティングインスタンスなどのクラウドリソースを、マルチクラウド環境に対して横断的に取得し、設定がベストプラクティスに従っているか、構成検査を自動的に実施することが可能です。

クラウドサービスで発生する多くのセキュリティインシデントが、利用ユーザーの設定ミスや不十分な管理に起因することから、統一的な可視性を得ることは、セキュリティ管理上、非常に有用であるといえます。

実行される検査には、CIS(Center for Internet Security)が公表しているセキュリティベンチマークや、PCI DSSやHIPPAなど、業界のコンプライアンスへの準拠性チェックに対応したひな形が準備されていることもあり、セキュリティ&コンプライアンスリスクの管理に活用できます。

さらに、IDの使用状況、アクセスログ、通信フローなどのデータを分析し、脅威状況を可視化、検知することができる機能を有している場合もあり、セキュリティ監視強化としても活用可能です。

クラウド環境では、PaaS/CaaS/FaaSのようにクラウドサービスプロバイダーによってセキュリティが管理される領域と、ユーザー側で責任を持って対策を行う領域が混在することが一般的です。

仮にコンピューティング環境にセキュリティ対策製品(エンドポイント製品やコンテナセキュリティ製品)を組み込んだとしても、ネットワークの対策状況(例:セキュリティグループ設定)やID/ロールの権限や使用状況(例:IAM)を把握することができないため、セキュリティ管理者はクラウドサービスプロバイダーの管理コンソールを都度、確認しなければなりません。

包括的なクラウドセキュリティ管理を行うためには、クラウドのAPIレイヤーも含む、フルスタックでの可視性を確保することが有効です。クラウドセキュリティに係るソリューション(例:CASB、CWPP、CSPM、SSPM、CIEM)は多く市場に存在しますが、マーケティング用語に惑わされることなく、自組織における課題はどこに存在するのかを見極めた上で、最適なソリューションを選択することが求められています。

◉マルチクラウド環境のセキュリティポスチャー管理

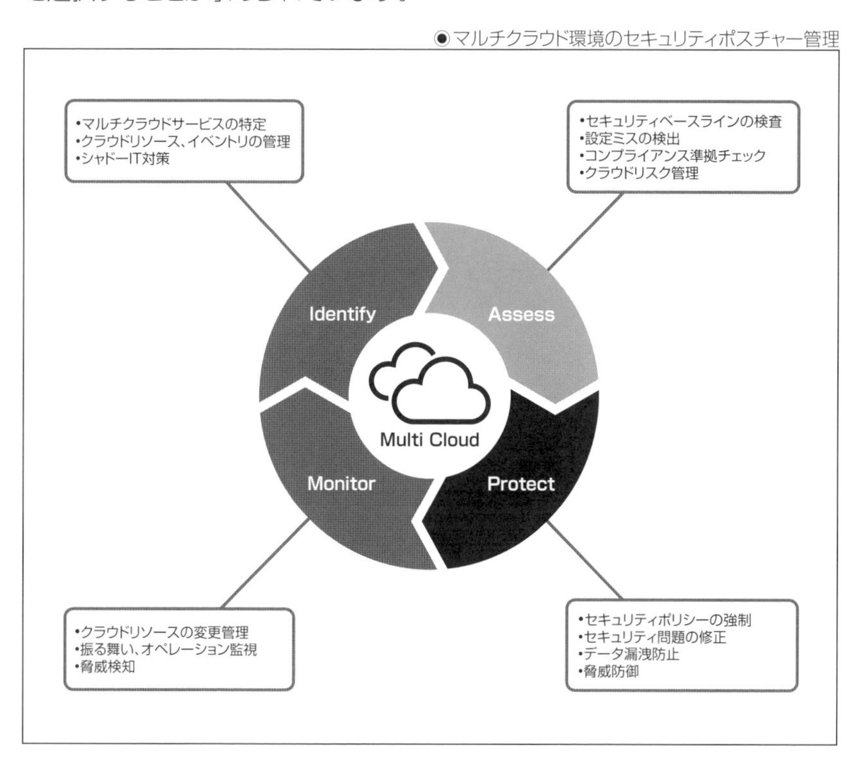

SECTION-21

イミュータブル インフラストラクチャセキュリティ

本節では、イミュータブルインフラストラクチャを利用することで得られるセキュリティ上のメリットと、対策上の考慮点について解説します。

イミュータブルインフラストラクチャがもたらすセキュリティパラダイムシフト

まずは、イミュータブルインフラストラクチャの採用によって変化するセキュリティ対策について見ていきましょう。

レガシーシステムにおいて、システムの脆弱性対応は、常にシステム運用担当者とセキュリティ担当者の悩みの種でした。脆弱性スキャナやペネトレーションテストによって特定された脆弱性の修正対応には、多くの人的リソースを必要とし、また、リリースに伴うテストプロセスによって多くの期間を要しました。

基幹システムに代表される大規模なモノリシックアプリケーションにおいて、セキュリティパッチの適用は、多くの関係者を巻き込んだ大仕事になってしまうことから、たとえ脆弱性対応の重要性を理解していたとしても、システム変更への障壁は高く、良くて四半期に一度、悪いケースでは年に一度の定期メンテナンスに一斉に実施する、大きなイベントとして取り扱われていました。

コンテナアプリケーションに代表される、イミュータブルインフラストラクチャにおいては、コンポーネントの変更が発生するたびに、実行中のインスタンスに対する変更を行うのではなく、新しいバージョンに置き換えてアプリケーションを起動し、古いバージョンのアプリケーションは破棄されます。

このような特徴を持つイミュータブルインフラストラクチャの利用によって、次のような主要なセキュリティメリットがもたらされます。

◆脆弱性対応スピードの改善

コンテナ技術を活用したアプリケーション変更プロセスの変化は、多くの組織にとってセキュリティパッチやアプリケーション変更サイクルの短期化に繋がります。

カナリアやBlue-Greenデプロイメントなど、柔軟なデプロイメント戦略によって、バージョンアップによる不具合のリスクを緩和することができるため、アプリケーション開発者は、抵抗感なく、より積極的に脆弱性対応を行うマインドセットが醸成されます。シンプルかつ軽量に維持されたコンテナイメージでは、特定のコンポーネントやアプリケーションコードの修正に注力できるため、脆弱性の影響範囲の特定や依存関係の解消を、いち早く把握することができるようになります。

加えて、イメージの脆弱性スキャンやアプリケーションのセキュリティテスト（SAST/DAST）を自動化されたパイプラインに組み込むことで、ビルドからデプロイまでを自動化し、反復的に再現可能なリリースプロセスを構築できます。

また、置き換えを前提としたアップデートプロセスによって、従来のサーバー運用では必要なリモートアクセス用のサービス（SSHや構成管理ツールサービス）を外部に開放する必要がなくなり、攻撃対象領域の削減にも寄与します。

◆ 予測可能なシステム稼働環境の維持

イミュータブルインフラストラクチャでは、システムへの変更は、レジストリに保管されたマスターイメージの差し替えや、コンフィグレポジトリ上のインフラストラクチャコードを変更し、CI/CDパイプラインによる自動化された方法で実環境に反映されます。

セキュリティは、パイプラインの中で実行されるファイルやコードに対するセキュリティテストによって検証されます。結果、悪性ファイルなどが混入しておらず、脆弱性の状況も把握され、セキュリティベースラインが確保された「セキュアかつクリーンで一貫性のある環境」を保証することできます。

イミュータブルインフラストラクチャでは、稼働中のシステムにおいて状態の変更を想定する必要がないため、予想されない振る舞いは「異常」なセキュリティイベントとして取り扱うことができるようになります。

たとえば、Webサーバーのみが動作するシンプルなコンテナにおいて、次のような振る舞いを異常と疑うことができ、脅威の早期検知に役立てることができます。

- 事前定義されたリッスンポート（例：tcp/80）以外のポートと通信が確立されている
  - 攻撃者がシェルアクセスを奪取した可能性、不正なサービスを起動した疑い

- 既定のWebサービス（例：/usr/local/apache/bin/httpd）以外の、イメージに含まれていない実行ファイルが起動されている
  - コンテナ内に攻撃者が侵入し、調査行為や横展開を試行している疑い
- ファイル作成や予期せぬファイル読み書きが行われる
  - バックドアの設置やデータ漏洩の疑い

コンテナイメージに含まれるバイナリファイルは、不変な静的ファイルとして取り扱うことができます。そのため、イメージ全体のハッシュ値、イメージに含まれる個々ファイルのハッシュ値をユニークに識別できるため、仮に攻撃者が正規のファイルを置き換えた場合であっても、システム的に検出することが可能です。

このように、実行プログラムの許可リスト化やシステムの完全性検証のように、従来型のシステムでは実装と運用が難しいセキュリティ対策について、イミュータブルインフラストラクチャでは実現しやすくなったことは、大きな利点といえるでしょう。

◆脅威の局所化と迅速な回復性

揮発的な環境では、不正アクセスのような異常発生時にはコンテナを自動で切り離し、クリーンなイメージから再起動されるような方法をとることで、攻撃者による遠隔操作などの脅威を永続化することを困難にさせます。仮に攻撃者がシステムに侵入し、バックドアを仕掛けたとしてもコンテナを破棄、再デプロイすることで容易に脅威を除去することができます。サーバーレスのような、ワークロードのライフタイムが短い環境であればあるほど、攻撃者の活動時間は制限されることになります。

従来型のシステムでは、脅威の残存を確認するために調査をすることが必要であり、最終的にはバックアップからリストアするといったインシデント対応が行われており、サービス復旧までに長時間を要することもありました。

イミュータブルインフラストラクチャであれば、異常検出時に論理的に隔離することや、新しいサービスを速やかに復旧させることも可能です。

ただし、アプリケーションが脆弱なままになっている場合や、資格情報が漏洩した場合などでは、再デプロイしただけでは解決せず、脅威は残存し続けてしまうことに変わりはありません。

セキュリティ対策製品などのアラートによって、セキュリティインシデントが発覚した際に、侵害された疑いのあるコンテナの破棄を自動化し、再デプロイするような仕組みを構築することは比較的容易ですが、直ちにコンテナやノードを削除するような対応は推奨されません。セキュリティインシデント発覚時には、フォレンジック調査のための証拠保全を踏まえた、対応プロセスと自動化の仕組みを設計することが求められます。

機械学習による脅威検知アプローチ

続いて、イミュータブルインフラストラクチャにおいて特徴的なセキュリティ対策について解説します。

従来の不正侵入検知・防御装置(IDS/IPS)は、ネットワークパケットやWeb通信のリクエストパターン、ファイルの特徴などについて、既知の攻撃パターンが含まれているかを判定する、シグネチャ検知によって攻撃の発見・防御を実現することが主流でした。

ネットワーク型かホスト型であるかによって解析対象となるデータは異なるものの、IDS/IPSの多くは不正なパターンのリストとマッチする攻撃を見つけ出す「Block List」方式が主流であり、正常な振る舞いを攻撃と見なしてしまう「偽陽性(False Positive)」と、ゼロデイ攻撃や少し違う亜種の攻撃を見落としてしまう「偽陰性(False Negative)」が、長らくセキュリティアナリストを悩ませてきました。

一方、正常なパターンのみを許可し、そこから逸脱するパターンを異常と見なす「Allow List」方式は、強固なセキュリティモデルとして認知されていましたが、L3/L4ファイアウォールの通信許可のような単純なパターンには適用可能なものの、特定アプリケーションのみの実行を許可するケースのように、複雑なパターンについては許可リストのチューニングが難しく、導入障壁が存在しました。

近年の機械学習技術の成熟に伴い、特徴量抽出やベースライン作成を自動化することで高度な脅威検知を実現するセキュリティ対策製品が多く市場に登場しました。これらの製品は、従来のマニュアルによる不正パターンの特徴を発見するアプローチでは実現が難しい、大量のデータから脅威パターンを検知することを得意としているため、未知の脅威検知と誤検知削減に寄与しています。

さて、クラウドネイティブなシステム環境においては、どのように脅威検知を行っていけばよいのでしょうか。

たとえば、クラウドサービスプロバイダーが出力する大量のIDアクセスの監査ログや、Kubernetes APIサーバーの監査ログには脅威の兆候を示すレコードが眠っている可能性はあるものの、大量のデータの中から不正パターンを発見することは容易ではありません。

このような問題は、まさに機械学習が得意とする領域であり、「正常なパターン」の分類と「異常なパターン」の特定を、部分的にでも自動化を行うことで、脅威分析の効率化を図れるようになるでしょう。

加えて、マイクロサービス化やコンテナ化によって、個々のワークロードは特定のプロセスのみが稼働し、特定のファイルにのみ読み書きを行い、特定のサービスにのみ通信を行うことが、ポリシーによって規定されるようになります。

イメージ内のアプリケーションの依存関係や、稼働時のサービス間の依存関係は、事前定義可能な状態にすることがマイクロサービス化の成功要因であり、これはセキュリティ上の効果も期待できるプラクティスです。

従来のサーバー運用では、メンテナンスや故障対応のためにシェルアクセスでさまざまなコマンド実行される環境を想定しなければなりませんでしたが、コンテナ環境における運用では、シェルプロセスが動作することもコンテナ内で新たにCronジョブが作成されることも通常ではありえないため、攻撃されている可能性がある、と想定することができます。同様に、コンテナから通常は発生しない通信フローの発生は、攻撃者の横展開やシステム異常を疑いがあるためアラートを発生させる、あるいは、そもそも通信を許可しないようにネットワークポリシーを構成するなど、より高度な対策を、より簡易に実現できるようになります。

一方、クラウドネイティブな環境に従来型のセキュリティ対策製品を導入しても、十分な効果が期待できないケースも想定されます。

たとえば、クラスター内のPod間通信を従来型のパケットキャプチャ型製品でモニタリングすることは、複数のノードに跨がり、IPアドレスが動的に変化する可能性があるコンテナ環境では困難です。また、従来型のアンチウイルスソフトウェアをホストノードに導入して、不正ファイルを見つけようとしても、ホストファイルシステムにマウントされていない永続ボリューム上のマルウェアを見落とす可能性が出てきます。

このように、クラウドネイティブな環境では、機械学習と行動分析による脅威検知が行いやすくなっていると考えられます。クラウドネイティブな環境には、製品と特性を踏まえた、クラウドネイティブに特化したセキュリティ対策製品の導入を検討することが重要です。

クラウドネイティブ環境のフォレンジック

最後に、イミュータブルインフラストラクチャにおいて注意が必要となる、フォレンジック調査について触れておきます[1]。

物理的なシステムであれば、デジタルフォレンジック調査のために、セキュリティインシデント発覚時にはネットワーク接続を切断し、RAMイメージやディスクイメージの保全を行うことが一般的でしたが、クラウドネイティブ環境では、必ずしも同じ方法をとることができません。

たとえば、クラウドネイティブ環境におけるフォレンジック調査において、次のような課題が想定されます。

◆ どのログを保全対象とするのか

オンプレミス環境であれば、ネットワーク装置や物理サーバーや仮想基盤上のサーバーのログを対象にログ取得すればよく、自組織で管理可能でした。

クラウドサービスでは、クラウドサービスプロバイダーが提供するログ取得機能をあらかじめ有効化し、保管しておく必要があります。仮にマネージド型のKubernetesサービスを使用している場合などにおいては、Kubernetesの監査ログの取得方法、稼働中のシステムログやアプリケーションログの取得方法など、責任領域に合わせたログ取得の仕組みを設計しておく必要があります。特に、コンテナ内のログは揮発的であるため、外部転送する仕組みの構築が必須になります。

また、マルチクラウドの場合には、ログの分散化も課題になってきますので、ログ分析の方法も確立しておくことが必要です。

[1]:Google Cloud『Exploring container security: Performing forensics on your GKE environment』(https://cloud.google.com/blog/products/containers-kubernetes/best-practices-for-performing-forensics-on-containers)を参考

◆どのようにスナップショットやアーティファクトを取得するのか

ログのケースと同様に、責任分界によってスナップショットの取得可否と方法も変わってくるため、あらかじめ保全戦略を検討しておくことが重要です。たとえば、仮想マシン上に独自にKubernetesサービスを稼働させている場合、クラウドサービスが提供している複製機能を用いるなどすれば、仮想マシンのスナップショットや、マウントしているネットワークボリュームのバックアップ取得など、データ保全は比較的容易に実現可能です。

一方、コンテナ自体のデータ保全については、従来のフォレンジックアプローチでは解析が難しいケースが想定されます。コンテナはLinuxの仮想化技術によって抽象化されており、かつ、稼働するコンテナは分散配置されるため、複数のノードに展開されていた可能性があります。ホストノードのファイルシステムを解析しただけでは、コンテナ内の挙動を把握することが難しく、また、ネームスペースやサービスのようなKubernetesリソースとの紐付けをホストの情報から特定し、解析をしなければならず、手間がかかることが懸念されます。

イミュータブルインフラストラクチャでは、コンテナが破棄されてしまうことで、メモリやファイルシステム上の侵入痕跡が消失してしまうリスクが存在します。緩和策としては、あらかじめリアルタイムにテレメトリデータ(例:プロセス、ファイルシステム、ネットワーク等の動作ログ)を取得するように設定を行い、コンテナ外部の環境に転送、保管する必要があります。また、コンテナの隔離、保全、調査などのインシデント対応プロセスも変化するため、適切な技術の採用とプロセスの調整をあらかじめ準備しておくことが望まれます。

COLUMN

カオスエンジニアリングのセキュリティへの応用

イミュータブルインフラストラクチャにおけるレジリエンスを高める活動として、**カオスエンジニアリング**[2]が有名です。カオスエンジニアリングでは、リソースの過負荷やネットワークの断絶などのテストイベントを稼働中のシステムで実際に発生させることで、ソフトウェアやサービスの信頼性が担保されているかシステムを観測し、SREチームは対応プロセスを適切に実行できるか、訓練を行います。

Netflix社で実際に行われていたカオスエンジニアリングにおいては、「Security Monkey」というツールでセキュリティ設定の違反や脆弱性を特定していたといわれています。

昨今のセキュリティ業界でも、レッドチーム演習(攻撃者視点でのシミュレーション)とブルーチーム演習(防御側視点でのシミュレーション)という形で、実環境での攻撃と防御訓練を通じて、セキュリティコントロールの有効性を評価し、弱点を炙り出すような活動が浸透しつつあります。

これは、脅威の高度化・高速化の教訓として、実際の攻撃が発生してから対処を行う「リアクティブ」な対応から、自組織のセキュリティ上の問題を積極的に特定し、修復する「プロアクティブ」な対応へのシフトという、必然的な潮流といえるでしょう。従来から実施されている定期的なペネトレーションテストや脆弱性スキャンの必要性は、クラウドネイティブ環境になっても変わるわけではありませんが、アプリケーションライフサイクルの変化に合わせた、高頻度で多様な脅威と脆弱性をカバーするセキュリティテストアプローチが求められることになります。

クラウドネイティブ環境では、自動化されたテストの組み込みが容易であり、システムの高い回復力から、カオスエンジニアリングと高い親和性を有しています。セキュリティカオスエンジニアリングでは、さまざまな脅威シナリオについてのセキュリティテストを自動化し、セキュリティコントロールが確かに機能しているのか、1つのセキュリティコントロールが機能しなくなった場合や、攻撃者によってバイパスされた場合に、多層的に防御がなされるのか、観察を通じて弱点を特定します。

[2]:『Security Chaos Engineering』(Aaron Rinehart、Kelly Shortridge著、O'Reilly刊)

　システムのコンポーネント同士が複雑に関係し合うクラウドネイティブ環境においては、カオスエンジニアリングを通じて、それらの関係性と影響度合いを明らかにしていくことを重要視しています。
　従来のテストでは、予想される結果と合致することを検証する意味合いが強いですが、カオステストは実稼働環境での実験を通して、結果を観察し、分析することを目的とする点が大きく異なります。多様なセキュリティ障害を通じてセキュリティ対策の有効性と弱点を明らかにしていく過程で、改善ポイントを特定し、修復の実装を検討することができます。
　クラウドネイティブ技術を活用することで、セキュリティ対策製品やクラウドサービスプロバイダーが提供するAPIとの連携、IaC/CaDの修正など、特定された弱点に対する自動修復やインシデントの封じ込めなど、自動化の成熟度に合わせてテスト後のアクションも定義できるようになります。技術的な自動化の結果として、人的なインシデント対応プロセスも改善され、実践を通じた訓練によって対応能力の向上も期待することができます。
　現状、セキュリティカオスエンジニアリングは、成熟したアプローチではありませんが、クラウドネイティブとセキュリティオートメーションの浸透に合わせて、主流になってくるかもしれません。

SECTION-22

コンテナセキュリティ

本節では、クラウドネイティブアーキテクチャとしてKubernetesなどのオーケストレータを用いた、コンテナアプリケーションに係るセキュリティ対策について解説します。

「コンテナセキュリティ」を考える場合、物理ホストや仮想マシン上で動作するコンテナ基盤と、コンテナ基盤上で動作させるためのイメージ、アプリケーションコード、イメージを格納するレジストリといった具合に、コンテナ環境を構成する要素毎にセキュリティ対策を検討していく必要があります。

それでは、コンテナ環境の構成要素毎に主要なセキュリティ対策を見ていきましょう。

●コンテナセキュリティ全体イメージ

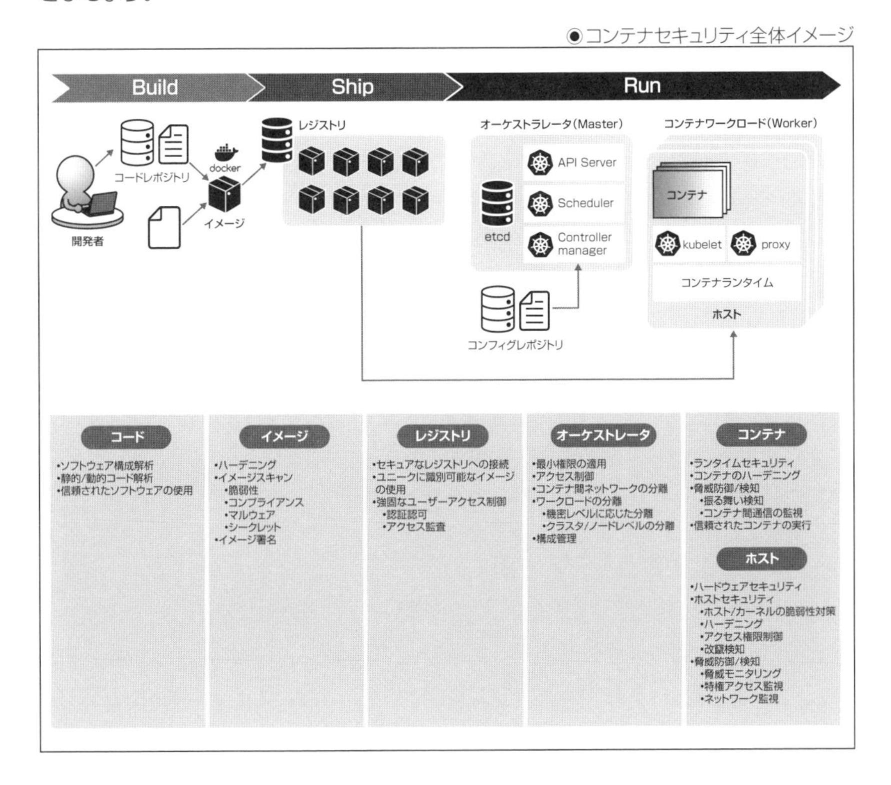

コードのセキュリティ対策

アプリケーションコードにおける技術的なセキュリティ対策は、大きな変更点はありません。開発アプリケーションや利用するOSS/サードパーティソフトウェアに脆弱性が含まれないように、静的・動的コード解析やソフトウェア構成分析など、自動化されたセキュリティテストを組み込む必要があります(開発プロセスにおけるセキュリティ対策はCHAPTER 05で取り扱います)。

アプリケーションコードの他、クラウドネイティブ環境で考慮が必要なものとして、クラウドリソースやインフラストラクチャのプロビジョニングに使用するコード(IaC: Infrastructure as Code)、Kubernetesリソースの定義データ(CaD: Configuration as Data)に対するセキュリティ対策が重要になってきます。

反復利用されるIaC、CaDにセキュリティ上、望ましくない構成が含まれていることは事前に検出されるようにしておかなければなりません。インフラレベルでのセキュリティ不備は、攻撃者の悪用に直結する恐れがあります。

過剰な権限付与や弱いアクセス制限など、セキュリティベストプラクティスに照らして望ましくない設定になっている箇所を自動的に検出するスキャナ製品が登場しており、簡易にベースラインを実施することが可能です。現状、対応する言語・環境や検出可能な脆弱性が限定される可能性もあるため、IaCに対する静的な解析に加えて、クラウドサービスプロバイダーのネイティブ機能やサードパーティのポスチャー管理製品を用いた実環境に対するチェックを併用することも検討してください。

アプリケーションコードと同様に、IaC/CaDについてもデプロイ前にテストが実行されるように、そして変更の際に継続的にスキャンできるように、CI/CDパイプラインを構成することが重要です。

イメージのセキュリティ対策

イメージには、開発アプリケーションを動作させるためのパッケージが含まれており、ベースイメージとアプリケーションフレームワークなどの各種ソフトウェアから構成されます。物理マシンや仮想マシンのセキュリティ対策と同様、コンテナイメージに含まれる各コンポーネントは、脆弱性対応が行われ、堅牢なセキュリティ設定が行われていることが不可欠です。

継続的にイメージのセキュリティを検証するためには、コンテナ技術に特化したスキャナ等の対策製品をビルドプロセスに組み込むことが効果的です。

イメージスキャナによって、次のような項目を可視化し、リスク対応することが望まれます。

- コンポーネントの脆弱性
- コンプライアンスへの準拠性（業界ベンチマーク）
- マルウェア
- シークレット（平文パスワード、秘密鍵）

また、セキュリティが検証されたイメージのみを組織が使用するように、信頼されたイメージとそれ以外のイメージ（改ざんされたイメージや信頼済みレポジトリ以外から取得されたイメージ）を区別できる必要があります。基本的な対策として、イメージにデジタル署名を付与し、個別に識別可能にした上で、組織のレジストリに格納することで真正性を確保する方法が挙げられます。

レジストリのセキュリティ対策

レジストリは、クラウドサービスプロバイダーが提供するクラウドレジストリサービス（例:AWS ECR、Azure Container Registry）や、独自にホスティングするプライベートレジストリ（例:Docker Registry、Harbor）が存在します。

いずれのケースであっても、必要最低限のユーザーやサービスからのみアクセスを許可し、セキュアな通信経路を使用するという、基本的な対策を徹底することが重要です。

マルチテナントや複数のプロジェクトで使用する場合には、レポジトリ単位できめ細やかなアクセス制御を行い、不必要なイメージの参照や登録が行われないようにしなければなりません。また、レジストリアクセスに対する監査証跡の取得も実施し、インシデント発生に備えることが望まれます。

コンテナ環境の運用を続けていくと、古いイメージや使用されていないイメージが累積し、レポジトリが肥大化する傾向にあります。
誤ったイメージが使用されないように、使用するイメージ以外は定期的にクリーンナップするとともに、命名規則に従った、一意に特定可能なタグ付け（例:latestタグを使用しない）をプロセスとして定める対策が求められます。

オーケストレータのセキュリティ対策

クラスターの管理プレーンを担うマスタノードによって、ワーカーノードのコンテナの実行環境の制御や、ネットワーク制御が行われます。オーケストレータのセキュリティを考える上で、最も重要になってくるのが、この管理プレーンの保護です。管理ユーザーやサービスアカウントのプロビジョニング、ネットワークアクセス制御、セキュリティポリシーの設定など、クラスター内のあらゆる機能は、管理プレーンを介して実行されます。

Kubernetesでは、APIサーバーが各ノードの命令制御を司っており、資格情報を含むシークレットはetcdに格納されています。管理プレーンのコンポーネントに対するアクセス制御は、必要最小限にするためのアクセス制御設計が重要です。Kubernetesのユーザーやサービスアカウントは、ロールベースアクセス制御によって実装されることが一般的なので、職務(例:開発者、テスター、SRE)とネームスペースと対象アプリケーション別に、きめ細やかなアクセス制御の実装を目指すことが重要です。

なお、クラスター単位や環境ごとにIDアクセス管理を実施することは、継続的な運営とガバナンス維持の観点から好ましくないため、共通化されたID基盤と統合し、シングルサインオンの仕組みを組み込むことが望まれます。

また、ホストリソースを共有し、スケーラビリティがある構成を取ることが可能になるのがコンテナ環境のメリットですが、すべてのコンテナワークロードを混在して取り扱っても良いのかについては、一考の余地があります。

機密レベルが異なるワークロードや、マルチテナント利用によって異なる組織のワークロードが混在するケースなどは、意図的に稼働するホストを分離し、コンテナのスケジューリングを制御する方法も検討することが望まれます。たとえば、フロントエンドアプリケーションの脆弱性を攻撃者に悪用され、コンテナに侵入されてしてしまった場合、同一ワークロードで動作する他のコンテナに影響が出る恐れがあります(例:コンテナブレイクアウトによってホストノードが侵害されるケース)。

同様の理由で、クラスターの管理を担うコンテナ(例:ログ管理サーバーや監視サーバー)についても、通常のアプリケーションコンテナとは分離した方が良い場合があります。

Kubernetesのセキュリティ対策については、CHAPTER 07にて解説します。

コンテナのセキュリティ対策

コンテナはホストのランタイムソフトウェア上で動作します。ここでは、コンテナのセキュリティとして、ランタイムセキュリティとポッドセキュリティの2つの観点から概説します。

◆ ランタイムセキュリティ

過去、ランタイムソフトウェアの脆弱性によって仮想化されたコンテナからホストへの侵害のおそれがある脆弱性も発見されていることから、ランタイムソフトウェアの脆弱性対策が必要です。さらに、昨今ではセキュリティが強化されたコンテナランタイム(例:gVisor)も登場しており、より制限されたシステムコールやOSライブラリによって、ホストとの分離度を高める動きもあります。

ランタイム保護を強化するため、Linuxのセキュリティ設定(seccompやAppArmor)の活用や、サードパーティセキュリティ対策製品により、脅威防御・検知を実装することが望まれます。

◆ ポッドセキュリティ

ホストから仮想化されたコンテナであったとしても、セキュリティ設定の不備や脆弱性があれば、その影響範囲は単独のコンテナ内には留まりません。ホストの権限やファイルマウントについては、必要最小限の権限とファイルアクセスに絞ってコンテナを実行することが必要です。

これらは、ポッドをデプロイする際のコンテナの定義として、設定可能です。

ホストのセキュリティ対策

コンテナを稼働させるホストのセキュリティ対策については、従来から行われてきた物理ホストや仮想マシンにおけるハーデニングやネットワークセキュリティなど、同様のセキュリティ対策アプローチが適用可能ですが、コンテナ環境で特に考慮が必要な対策について触れておきます。

コンテナ環境をクラウドサービスプロバイダーのマネージドサービスとして使用している場合には、クラウドサービスプロバイダー側でホストのセキュリティ対策がカバーされるため、ユーザーにとって得られるメリットが大きいですが、独自にクラスターをホストしている場合には、コンテナ環境専有にするための対策が求められます。

コンテナに最適化されたOS(例:CoreOS, RancherOS)を使用し、攻撃対象領域を削減することが望まれます。また、コンテナ以外のワークロードを動作させないようにし、リモートアクセス等を最小化することが有効です。

ここまで、コンテナ環境のセキュリティを見てきましたが、従来のセキュリティ対策に加え、コンテナ環境に特有の対策が求められています。とはいえ、脆弱性対応、最小権限、アクセス制御、分離・区画化といった基本となる概念が変わっているわけではありません。
技術スタック別に、多層的なセキュリティ対策を実装し、コンテナライフサイクル全体を保護することが重要です。

COLUMN

Docker Security

OWASPが公開しているDockerセキュリティのチートシート[3]から、11のルールを紹介します。ここに記載してあることがセキュリティ対策のすべてではありませんが、チェックリストとして活用してください。

- ホストとDockerを最新状態に保つ
- Dockerデーモンソケットを(コンテナ自体を含めて)公開しない
- (コンテナに)ユーザーを設定する
- 機能を制限する(コンテナに必要な特定の機能のみを付与する)
- 「--no-new-privileges」フラグを追加する
- コンテナ間通信を無効にする(--icc=false)
- Linuxセキュリティモジュール(seccomp, AppArmor, SELinux)を使用する
- リソース(メモリ、CPU、ファイルディスクリプター、プロセス、再起動)を制限する
- ファイルシステムとボリュームを読み取り専用に設定する
- 静的分析ツールを使用する
- ログレベルを少なくとも"INFO"に設定する
- ビルド時にDockerfileをリントする

[3]:『OWASP Docker Security Cheat Sheet』(https://cheatsheetseries.owasp.org/cheatsheets/Docker_Security_Cheat_Sheet.html)

COLUMN

コンテナとサプライチェーンセキュリティ

コンテナの再利用性と可搬性の高さによって、一度作成されたイメージは、組織の内外に持ち出されて使い回される可能性があります。特に、マイクロサービス化されたコンテナは、特定機能のみを有するパッケージとして取り扱うことが可能になるため、再利用される可能性が高いと考えられます。

従来のソフトウェア開発においても発行元が保証されたパッケージやライブラリを使用しないことによって、マルウェアやバックドアが混入するといった、セキュリティ脅威が問題視されてきましたが、コンテナにおいても同様の問題が想定されます。イメージは信頼できる発行元から提供されているのか、イメージにはどのようなファイルが含まれていて、提供される過程で改ざんされていないかを開発者は検証した上で利用しなければなりません。

過去、パブリックレポジトリに保管されているイメージにマイニングマルウェアが混入していた事例など、期待される機能以外の悪性ファイルが埋め込まれている可能性は、十分に警戒する必要があるでしょう。プライベートレポジトリであっても、弱い認証認可（例：パスワードの共有、未制限のレポジトリアクセス）によって、イメージが改ざんされている可能性もあり得ます。

古くからインターネットの世界で、「真正性・完全性」を検証するために用いられてきたデジタル署名技術は、コンテナにも応用されています。従来のRPMソフトウェアパッケージにおけるデジタル署名と同じように、作成したイメージに対して公開鍵暗号を使用した署名を発行者が行うことで、利用ユーザーはコンテナに含まれるファイルの完全性を検証できるようになります。

プライベートレジストリや信頼できるレジストリのみを使用するように、コンテナ環境を構成し、当該レジストリには出所の確かなイメージのみが格納されるようなプロセスを構築することが重要です。

COLUMN

最小化されたイメージの使用

コンテナ化されたアプリケーションでは、動作に必要なファイルのみを配置し、必要最小限のソフトウェア構成のみがイメージに含まれるようにすることで、攻撃対象領域の削減に寄与するメリットがあります。

また、イミュータブルインフラストラクチャの特性を活かし、セキュリティパッチの適用やソフトウェアアップグレード、コード変更を行う場合には、個々のコンテナにリモートアクセスをしてメンテナンスを行うのではなく、イメージ自体を差し替えることで、マスターイメージと動作環境が一致した、予測可能な状態を維持することができます。

そのため、コンテナにシェルアクセスして、変更を行うことはコンテナ運用のアンチパターンとされています。同様の理由で、レガシーシステムのメンテナンスで用いられてきたSSHなどのリモートアクセスサービスについても、クラウドネイティブな運用では使用しないことを前提にすることが望ましいため、イメージに当該バイナリファイルは含まれている必要は当然ありません。

それでは、シェルプログラム(/bin/shや/bin/bashなど)の場合はどうでしょうか。

攻撃者がアプリケーションの脆弱性を悪用し、リモートコード実行によって、コンテナ内のシェルを奪取することを防止するため、シェルプログラムファイルを削除する、という攻撃対象領域の削減アプローチが考えられます。

なお、OSシェルコマンドの実行ではなく、Webシェルによってリバース接続されることを防止するためには、コンテナ内でファイルの書き込みを防止/検知する必要があります。

サードパーティが公開するイメージを使用しなければならないケースであれば、依存関係などを考慮した上で、シェルの削除を慎重に検討する必要がありますが、攻撃対象領域の削減という観点からは、この「減算」アプローチよりもより良い方法があります。

それは、スクラッチイメージを作成するという、ゼロからの「加算」アプローチです。最小のベースイメージには、開発対象アプリケーションに依存するランタイムのみが含まれており、一般的なLinuxディストリビューションに含まれているツールは含まれていません。

コンテナイメージの軽量化は、アプリケーションのパフォーマンスやメンテナンス性に寄与しますが、セキュリティ上の効能も同様に期待できます。アプリケーション開発者は、脆弱性残存の回避する、不正侵入された場合の攻撃者の活動を制限するためにも、不必要なファイルを含まない「イメージのスリム化」をぜひ心掛けてください。

SECTION-23

宣言的セキュリティアプローチ

本節では、セキュアな構成管理と、宣言型モデルを活用したKubernetesセキュリティのユースケースについて紹介します。

クラウドネイティブに特有の技術要素として、宣言型APIに代表される**宣言型モデル**が挙げられます。これは、KubernetesやIstioのリソース定義のように、「望ましい状態」を構成(コンフィグ)として定義することで、APIを通じてシステムの状態を設定するモデルです。

宣言型モデルの採用により、「あるべき姿」が明確に構成データとして表現された結果、変更管理が徹底できるとともに、逸脱する状態の検出が容易になりました。このことは、セキュリティの観点からも利点をもたらします。

セキュアな構成管理

クラウドインフラストラクチャの管理をコードを介して実行する組織も増えてきており、IaCに対するセキュリティがますます重要になっています。主要なクラウドサービスプロバイダーは、機械可読な定義ファイル(例:Terraform)を用いて、リソースの自動化されたプロビジョニングをサポートしています。

設定をコード化してコンフィグレポジトリで管理し、自動化ツールを用いてプロビジョニングや変更管理を行うことは、ベースラインの確保や権限分掌の点から、セキュリティとしても良い慣習であるといえます。

しかしながら、昨今発生しているクラウド環境でのセキュリティインシデントは、デプロイ後に特権ユーザーがクラウドリソースを変更した結果、意図せず例外的に空いてしまった「穴」を攻撃者に悪用されている可能性や、そもそもセキュリティ的な堅牢性がない構成を使用していることに起因する可能性が高いといわれています。

つまり、IaCやCCA(Continuous Configuration Automation)の取り組みに、セキュリティ対策を組み込む必要性があることを意味しています。

◆ IaCのセキュリティスキャン

まず、安全な設定になっていることを確認するため、IaCテンプレートがセキュリティベストプラクティスに従っていることを検査することが効果的です。従来のプラットフォームのセキュリティをスキャン(コンプライアンススキャンと呼ばれる)する場合では、実際のライブシステム上でスキャン用のスクリプトを実行して、セキュアでない構成を特定していました。

IaCによって構成データがコード化されることで、セキュリティスキャンもコード自体に対する静的解析を行う方式に変更されるため、プロビジョニングする前にセキュリティ問題を特定できるとともに、コンフィグレポジトリに対して継続的スキャンを実行する仕組みも構築しやすくなりました。

また、クラウド環境においてIaCで管理される対象は仮想マシンだけではなく、ストレージやネットワーク、IDやロールといった、汎用的なクラウドリソースが対象となるため、チェック可能な範囲が広がっていることもメリットといえるでしょう。

IaCに対するセキュリティスキャンによって、たとえば次のようなミスを未然に発見し、修正できるようになります。

- 過剰な権限を有するID、ロール
- 外部公開されたサービス(例:SSHやRDP)
- 未制限のデータバケット
- 暗号化されていないストレージ
- 不十分なロギング

DevOpsパイプラインにおけるアプリケーションコードのスキャンと同じ考え方を適用し、IaC/CaDに対しても、自動化されたセキュリティスキャンの仕組みを構築することが重要です。

◆ 構成ドリフトの検出

次に、セキュリティチェックが行われた構成を用いて、展開された実環境における対策についても考えてみましょう。

特権を有する管理者が、定められた変更プロセス以外の方法でシステムに変更を加えていないか、例外対応などの何かしらの理由で加えられた変更が残存し続けていないか、攻撃者による不正アクセスによって変更が加えられていないか、継続的に監視し続けなければ、事前のセキュリティチェックは台なしになってしまいます。

セキュリティに影響を与えるデプロイ後の構成変更を把握するためには、実環境とIaCの差分(ドリフト)を検出できるようにしなければなりません。幸いなことに、主要なクラウドサービスプロバイダーのネイティブ機能やサードパーティが提供するツールによって、変更履歴の保持とドリフトの検出がサポートされています。

重要なことは、ドリフトを適時に検出するための仕組みとプロセスの構築です。ドリフトが頻繁に発生するような運用を許容している環境下では、効果的なモニタリングは実現できません。

GitOpsのように、システムのあるべき姿は常に宣言的にコードとして管理され、自動化されたパイプラインを介してのみデプロイされることを正規プロセスとして確立できるかが鍵です。構成のドリフトの発生は、システム的な不整合やセキュリティ脅威の発生といった、異常イベントとして取り扱える状態を維持することが重要です。

クライドネイティブ環境においても、変更管理はセキュリティにとって重要なテーマの1つです。ツールを用いたセキュリティテストと異常検知の自動化に加えて、プロセスや組織の変革も求められます。

クラウドネイティブにおけるDevSecOpsプラクティスについては、CHAPTER 05で詳述します。

宣言的なセキュリティポリシーを用いた制御

クラウドネイティブ環境における宣言的なセキュリティ対策として、**OPA(Open Policy Agent)**を紹介します。

オープンソースプロジェクトであるOPAは、クラウドネイティブ環境全体で認可制御を実装するアプローチとして知られており、Kubernetesやマイクロサービスの利用(Istio Envoy)に係る制御や、CI/CDパイプラインにチェックインの制御など、多くのセキュリティユースケースが存在します。中でも、KubernetesのAdmissionコントローラとして展開することで、セキュリティポリシーの適用をする方法が最も顕著な使用方法です。

OPAは、Kubernetes APIの認証・認可ロジックと連携して動作するため、「ゲートキーパー」としての役割を担います。

◉OPA動作イメージ

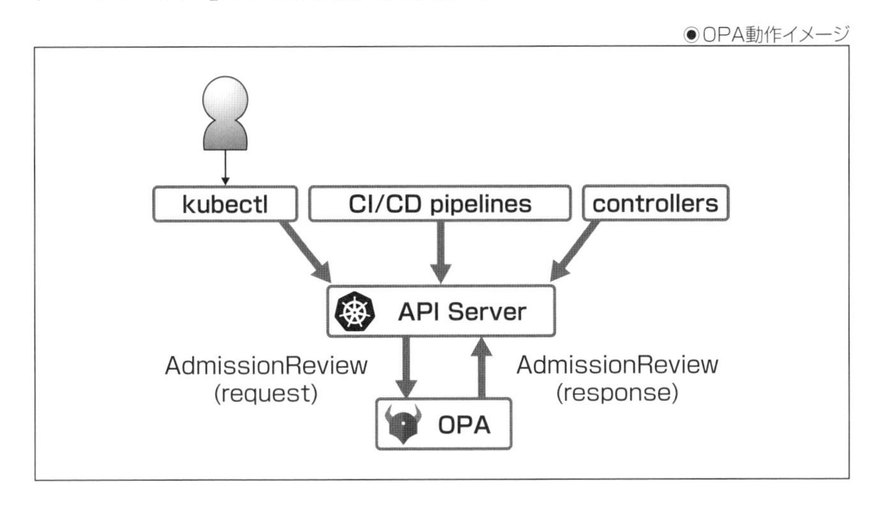

たとえば、OPAを使用することで、「コンテナイメージが信頼されたレポジトリから取得され、特定のレベルが付与されている場合にのみ、ノードへのデプロイを許可する」といったように、ポリシーとして「宣言的」に定義します。これをas-Codeの命名の流れに従って、Policy as Codeと呼ぶこともあります。

OPAのポリシーは、Regoという直感的にもわかりやすいプログラミング言語で定義していきます。さまざまなユースケースに対応したポリシーも公開されており、作成したポリシーを簡易に検証できるWebサイトも存在するため、雰囲気をつかみやすいと思います。

◉OPA Rego Playground(https://play.openpolicyagent.org/)

The Rego Playground　Examples ▾　Coverage　Evaluate　Publish

```
# Image Safety
# ------------
#
# This example prevents Kubernetes Pods from using containers from untrusted image
# registries. For simplicity, this example does NOT cover initContainers. To
# implement this policy, the rule needs to _search_ across the array of containers
# contained in every Pod resource. This example shows how to:
#
#   * Use the 'some' keyword to declare local variables.
#   * Iterate/search across JSON arrays.
#
# For additional information see:
#
#   * Rego `some` keyword: https://www.openpolicyagent.org/docs/latest/policy-language/#some-keyword
#   * Rego Iteration: https://www.openpolicyagent.org/docs/latest/#iteration

package kubernetes.validating.images

deny[msg] {
    # The `some` keyword declares local variables. This rule declares a variable
    # called `i`. The rule asks if there is some array index `i` such that the value
    # of the array element's `"image"` field does not start with "hooli.com/".
    some i
    input.request.kind.kind == "Pod"
    image := input.request.object.spec.containers[i].image
    not startswith(image, "hooli.com/")
    msg := sprintf("Image '%v' comes from untrusted registry", [image])
}
```

INPUT　Query & view results in the output

```
{
    "kind": "AdmissionReview",
    "request": {
        "kind": {
            "kind": "Pod",
            "version": "v1"
        },
        "object": {
            "metadata": {
                "name": "myapp"
            },
            "spec": {
                "containers": [
                    {
                        "image": "hooli.com/nginx",
                        "name": "nginx-frontend"
                    },
                    {
```

DATA

OUTPUT

```
Found 1 result in 364.038 µs.
{
    "deny": [
        "Image 'mysql' comes from untrusted registry"
    ]
}
```

※出典：Open Policy Agent Blog『Overview & Architecture』(https://www.openpolicyagent.org/docs/latest/kubernetes-introduction/)

SECTION-24

マイクロサービスセキュリティ

マイクロサービスアーキテクチャの採用によって、アプリケーション開発の速度向上、頻繁な機能改修、外部サービス連携の強化など、多くのメリットを開発者にもたらしました。

それでは、セキュリティの観点から見たマイクロサービスアーキテクチャは、どのように変化したでしょうか。本節では、マイクロサービスにおいて考慮すべきセキュリティ課題と、マイクロサービス化によって得られるセキュリティ上のメリットについて説明します。

マイクロサービスにおけるセキュリティ課題

まずは、アプリケーションのマクロサービス化に伴うセキュリティ上の影響を見ていきましょう。一般に、次のようなセキュリティ上の課題が挙げられます。

- 攻撃対象領域の増加
- サービス間通信の複雑性の増大と可視性の低下
- セキュリティ実装ポイントの変化

◆攻撃対象領域の増加

モノリシックアプリケーションの場合、内部コンポーネント間の通信は同一のホストでプロセスとして稼働していました。外部から受け取るクライアントからのリクエストについても、少数の限定されたネットワークポート(例：HTTPS TCP/443)のみが解放されるため、外部から攻撃されるエントリーポイントは限定されていました。

一方、マイクロサービスアーキテクチャでは、アプリケーションの内部コンポーネントは、独立した1つの機能のみを提供するように分割され、それらがネットワークを介して相互接続されるように設計されます。

結果として、コンポーネント間のリモート通信はREST APIやgRPCなどのプロトコルを経由してデータをやり取りするため、多数のエンドポイントとデータがネットワーク上にさらされる形に変化しました。

個々のサービスは単一の機能としてシンプルになるため、モノリシックなアプリケーションと比較して、カスタムアプリケーションの開発による脆弱性が作り込まれにくく、内在するコンポーネントに関連する脆弱性の発生可能性を低減することができているメリットがある一方で、攻撃者によってアクセスされる可能性がある「エントリーポイント」の数は増えてしまうという、デメリットも生み出されています。

◆ マイクロサービス間通信の複雑性の増大と可視性の低下

モノリシックアプリケーションを数十、数百、数千のマイクロサービスに分割して、個別のコンテナ基盤やクラウドサービス上にデプロイすることを想像してみてください。さらに、マイクロサービスアーキテクチャでは、異なるプログラミング言語で実装されるマイクロサービスを相互に連携することや、サーバーレスのような異なるデプロイメントが一部組み込まれることも想定されます。大規模なマイクロサービス環境では、地理的に分散化され、異なる技術スタックが組み合わされた実装がされる可能性があり、個々のサービスの関係、通信フロー、アクセス制御を人力で管理することは、非常に難しいことが容易に想像できることでしょう。

そのため、マイクロサービス間の通信を管理するためには、自動化された手法を前提とする必要がありますが、これはセキュリティ対策についても同様です。

たとえば、サービス間通信を認証し、暗号化するために使用するためには、証明書（および証明書用の秘密鍵）が必要になりますが、これらをマイクロサービスごとに手動で作成、割当、管理していたのでは、プロビジョニングも管理運用も立ち行かなくなってしまいます。また、マイクロサービス化に伴う可観測性（ログ、メトリックス、トレース）の課題も同様です。サービスの規模拡大と複雑性の増大により、システムとしての一連プロセスやネットワークフローが把握しにくくなってしまい、不正の兆候や異常を検出することが難しくなってきます。

◆疎結合化によるセキュリティ機能の分散

マイクロサービスアーキテクチャでは、パブリッククラウド上のマイクロサービス間での接続や、ビジネスパートナーやサードパーティのサービスと接続することも想定されます。

つまり、1つのクラスターやデータセンタに閉じたシステムにならない可能性も考慮しなければなりません。地理的に分散化したクラスター上で動作するサービス同士が、網状に連携を行うことになり、セキュリティ対策の実装ポイントの問題が出てきます。

ファイアウォールなどのネットワーク型セキュリティ対策製品を、インターネットとの境界に集約して配備・保護するモデルは、クラウドネイティブなマイクロサービスアーキテクチャでは不十分になりつつあります。

また、イミュータブルインフラストラクチャの考え方は、マイクロサービスアーキテクチャにおいても適用されるものであるため、サービスの状態も疎結合化して外部格納する方式をとることが一般的です。

その場合、ユーザーやサービスのコンテキスト（属性情報や認可情報）やアクセス制御ポリシーをどこで保持し、どのポイントで制御を実行するかが課題になってきます。

レガシーアプリケーションのように、1箇所のリバースプロキシやファイアウォールで制御を行うことは、マイクロサービスアーキテクチャでは、前述の通り現実的ではありません。暗号化されたサービス間の通信を検査し、信頼性とセキュリティを担保するための異なるアプローチが求められることになります。

マイクロサービスアーキテクチャにおけるセキュリティ対策

それでは次に、マイクロサービスアーキテクチャにおいて重要となるセキュリティ対策について取り上げます。

前述の課題を解決する上で、特に重要になってくるのが、**APIゲートウェイ**、**サービスメッシュ**、そして**APIセキュリティ**です。

◉マイクロサービスセキュリティ

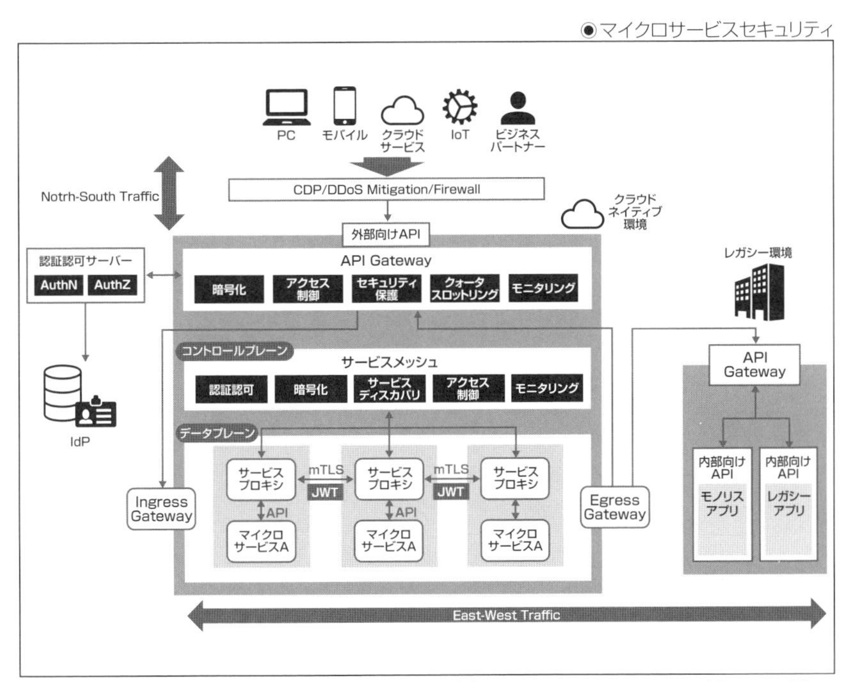

※参考:『Microservices Security in Action』(Prabath Siriwardena、Nuwan Dias著、MANNING PUBLICATIONS)

APIゲートウェイ

　マイクロサービスは、Webブラウザやモバイルアプリケーションのようなクライアントに直接公開されるべきではありません。マイクロサービスへのアクセスは、APIゲートウェイを介して公開することで、クライアントからのリスクエストに対するセキュリティ機能を集約することができます。

◆ セキュリティ保護

　マイクロサービス化されたアプリケーションにおいても、インジェクション攻撃やDoS攻撃の脅威は引き続き存在します。

　従来から存在する、リバースプロキシ型のWebプロキシと同じく、悪意のあるリクエストをスクリーニングし、スパイクに備えたトラフィック制御を、APIゲートウェイが担うことで、クリーンなリクエストのみをマイクロサービスに転送することができます。

　APIゲートウェイの中には、OpenAPIやSwaggerで定義されたAPI仕様を読み込みや正常なリクエストパターンの学習によって、フィルタリングパターンを生成できる製品も登場しており、許可リストに基づくアプローチにより、ファジングされる可能性があるパラメータを特定した上でモニタリングすることが可能になっています。

◆ 認証認可

　モノリシックアプリケーションにおいて、フロントエンドでのユーザー認証や、認証後に引き受けるセキュリティトークンの検証を、アプリケーションから直接、認証・認可サーバーにリクエストしていました。

　しかし、マイクロサービスアーキテクチャにおいて、同じように分割されたサービスごとに認可サーバーとやり取りする実装にしてしまうと、オーバヘッドが大きくなってしまうため、認証認可の機能も外部化することが必要になりました。当該機能をAPIゲートウェイに担わせることで、外部からの初回アクセスの承認を一箇所で実施し、マイクロサービスへのアクセスを制御することができるようになります。これにより、マイクロサービスを階層化し、認可されていないサービスへの直接アクセスを防止します。

　マイクロサービス間の通信は、デファクトスタンダードであるOAuth2.0を用いた、トークンベースの認証とセッションベースのアクセスとの組み合わせで実現されることが一般的です。

サービスメッシュ

APIゲートウェイによって、マイクロサービスに対するアクセスを「信頼できるネットワーク(組織内システム)」と「信頼できないネットワーク(インターネット)」に分離することができました。

結果として、APIゲートウェイを通過していないアクセスを除外し、セキュリティをある程度、確保することができるようになりましたが、マイクロサービス間の通信の安全性には、依然として課題が残っているといえます。

昨今注目されている、**ゼロトラストネットワークアプローチ**においては、組織の内外において信頼境界を分ける考え方ではなく、常にネットワークを信頼しないことを前提に、エンティティ間でリクエストごとに認証・認可を行う考え方が支持されています。

マイクロサービスアーキテクチャにおいても、個々に信頼レベルや機密レベルの異なるワークロードが存在するため、きめ細やかなアクセス制御と通信の信頼性確保が重要です。

このような課題を解決するため、近年、人気が高まっている手段は、IstioやLinkerdなどのサービスメッシュを使用して、クラスター内のサービス間の通信を**相互TLS**によって認証・保護することです。

サービスメッシュでは、アプリケーションコンテナとセットでデプロイされるサイドカープロキシ(Istioの場合にはEnvoy)を経由し、トラフィックの管理とセキュリティ機能の一括した管理を実現します。相互TLSにより、転送中のデータの機密性と完全性を確保し、クライアントがサービスを識別することに役立ちます。

ECサイトなど、インターネットの世界において接続先のサーバーの真正性を正しく識別するには、信頼されたパブリックなPKIを用いることが一般的ですが、マイクロサービスアーキテクチャでは、独自のCAを構成して証明書ライフサイクル管理を実現することが一般的です。Kubernetesのような非常に動的な環境では、証明書の鍵管理が非常に難しくなるため、鍵のプロビジョニングやローテーションを自動化する仕組みが必須になります。

APIセキュリティ

APIのセキュリティは、Webアプリケーションのセキュリティから大きく変化しているわけではありません。アプリケーションに対する脅威分析し、認証認可、アクセス制御、暗号化やロギングといった基本的なセキュリティ機能を組み込むなど、セキュアなソフトウェア開発の原則に変化はなく、それはAPIの実装(例:RPC、REST、SOAP)に依りません。

ここでは、最も良く知られたAPIのセキュリティ脆弱性リストである、『**OWASP API Security TOP 10(2019年)**』について紹介します。

- OWASP API Security Top 10 2019

  URL https://owasp.org/www-project-api-security/

No.	脆弱性
API1	オブジェクトレベルの認可の不備
API2	ユーザー認証の不備
API3	過剰なデータ公開
API4	リソース不足と帯域制限
API5	機能レベルの認可の不備
API6	一括割り当て
API7	セキュリティ設定ミス
API8	インジェクション
API9	不適切な資産管理
API10	不十分なロギングとモニタリング

Webアプリケーションと比較して開発者がAPIセキュリティに不慣れなことによって、脆弱性を作り込んでしまうケースや、APIに対応したセキュリティテストツールを使用していないことで不備が見逃されるケースがあります。APIでは、Webアプリケーションのように特定のUIを持っておらず、個々の機能が開放されることによって、想定されない通信フローでの機能アクセスやデータ抽出が行われるリスクを含んでいます。

このようなAPIセキュリティに固有の懸念を取り払うため、開発者は十分なリスクの考慮とセキュリティテストを行う必要があります。

COLUMN サイドカーコンテナセキュリティスタック

サービスメッシュにおけるサービスプロキシのように、主として動作するアプリケーションコンテナとセットでデプロイされ、同一のPod内で実行されるコンテナを**サイドカーコンテナ**と呼びます。

ここでは、このサイドカーパターンを活用したセキュリティ機能の実装モデルとして、米国防総省が公開している「DoD Enterprise DevSecOps Reference Design v1.0」から、**Sidecar Container Security Stack (SCSS)**モデルを紹介します。

- DoD Enterprise DevSecOps Reference Design Version 1.0

URL https://dodcio.defense.gov/Portals/0/Documents/DoD%20Enterprise%20DevSecOps%20Reference%20Design%20v1.0_Public%20Release.pdf

◉SideCar Container Security Stack

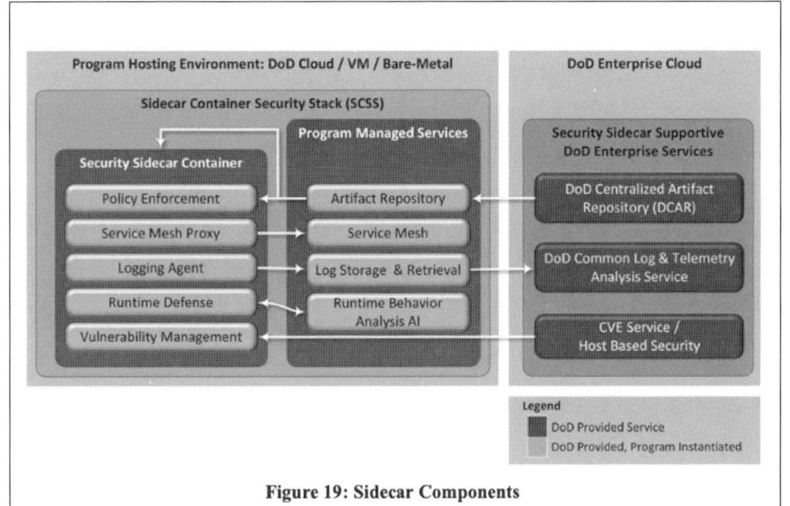

Figure 19: Sidecar Components

ツール	機能
ロギングエージェント	ログをログサービスに転送
ログストレージ・検索サービス	ログの保管と検索
ログの可視化・分析	ログデータの可視化とログ分析の実行
コンテナポリシーエンフォースメント	SCAP(Security Content Automation Protocol)のサポート。コンテナ構成ポリシーの実行
ランタイム防御	ホワイトリストと最小特権を含む、ランタイム動作モデルを作成
サービスメッシュプロキシ	サービスメッシュとの紐付け。マイクロサービスアーキテクチャで使用
サービスメッシュ	マイクロサービスアーキテクチャで使用
脆弱性管理	脆弱性管理機能の提供
CVEサービス／ホストベースセキュリティ	CVEの提供。セキュリティサイドカーコンテナの脆弱性管理エージェントで使用
アーティファクトレポジトリ	コンテナなどのアーティファクトの保管、検索
コンテナレベルでのゼロトラストモデル	Pod単位での強固なIDの提供、証明書、mTLSトンネリング、East-Westトラフィックのホワイトリスト化

図で示されている通り、セキュリティ機能をサイドカーコンテナに集約することで、ログ、脆弱性管理の集中管理、セキュリティポリシーの適用に加え、ランタイム防御やゼロトラストに基づく認証認可と通信保護を実現するモデルになっています。サイドカーコンテナは、アプリケーションコンテナをデプロイする際に、オーケストレータによって自動的に注入するように設定することができ、セキュリティ対策の一貫性を確保します。また、サイドカーコンテナは、Pod内でディスクやネットワークの共有等を行うことができることから、エンドツーエンドでのセキュリティ対策の実行ポイントとして適しています。

このように、コンテナを用いたクラウドネイティブ環境では、セキュリティ実行ポイントも変化しています。従来のセキュリティ対策は、IDS/IPSやProxyのようなゲートウェイタイプのネットワークセキュリティと、アンチウイルスソフトウェアのようなエンドポイントセキュリティが主流でしたが、必ずしも同じような方式でクラウドネイティブ環境に適用できるとは限りません。

リファレンスアーキテクチャやクラウドネイティブに対応したソリューションを参考に、適切なセキュリティ対策を実装していくことで、よりモダンなセキュリティアーキテクチャに進化させることができるでしょう。

12ファクターアプリケーションとセキュリティ

Heroku社によって提唱された、モダンなクラウドアプリケーションを開発するための方法論『Twelve-Factor App』はご存知でしょうか。

- Twelve-Factor App
  URL https://12factor.net/ja/

公開された2012年から時間も経過し、クラウドを取り巻く技術も変化しましたが、現在でも引用されることの多い、クラウドネイティブ開発の基本コンセプトと位置付けられるものです。

> セットアップ自動化のために宣言的なフォーマットを使い、プロジェクトに新しく加わった開発者が要する時間とコストを最小化する。
> 下層のOSへの依存関係を明確化し、実行環境間での移植性を最大化する。
> モダンなクラウドプラットフォーム上へのデプロイに適しており、サーバー管理やシステム管理を不要なものにする。
> 開発環境と本番環境の差異を最小限にし、アジリティを最大化する継続的デプロイを可能にする。
> ツール、アーキテクチャ、開発プラクティスを大幅に変更することなくスケールアップできる。

要素	説明
コードベース	バージョン管理されている1つのコードベースと複数のデプロイ
依存関係	依存関係を明示的に宣言し分離する
設定	設定を環境変数に格納する
バックエンドサービス	バックエンドサービスをアタッチされたリソースとして扱う
ビルド、リリース、実行	ビルド、リリース、実行の3つのステージを厳密に分離する
プロセス	アプリケーションを1つもしくは複数のステートレスなプロセスとして実行する
ポートバインディング	ポートバインディングを通してサービスを公開する
並行性	プロセスモデルによってスケールアウトする
廃棄容易性	高速な起動とグレースフルシャットダウンで堅牢性を最大化する
開発/本番一致	開発、ステージング、本番環境をできるだけ一致させた状態を保つ
ログ	ログをイベントストリームとして扱う
管理プロセス	管理タスクを1回限りのプロセスとして実行する

12要素の中に直接的にセキュリティに係る項目の言及はありませんが、セキュリティ機能の実装にあたり、これらの要素を阻害しない、整合した対策方法とすることが重要です。

その後、技術の進歩に合わせて修正、拡張された「Beyond the Twelve-Factor App」(Kevin Hoffman, O'REILLY)では、「APIファースト」の概念、セキュリティ(認証認可)、テレメトリの3つの項目が追加されています。当該書籍でも強調されている通り、セキュリティは決して後付けで考えるべきではありません。クラウドネイティブなアプリケーションにおいても、RBACを使用したアプリケーションの保護など、アプリケーションの設計段階から考慮する、**Secure by Design**を意識する必要があります。

Secure by Designのコンセプトは、主に製造業の現場で重要視されるセキュリティアプローチですが、クラウドネイティブなアプリケーション開発においても同じく重要です。

本書で解説しているイミュータブルインフラストラクチャやDevSecOpsなどの概念を実践するため、「開発プロジェクトの早期段階からのセキュリティ」の関与を心掛けてください。

本章のまとめ

本章では、クラウドネイティブの特徴である「ハイブリッドクラウド」「イミュータブルインフラストラクチャ」「コンテナ」「宣言型API」「マイクロサービス」に係るセキュリティについて概説してきました。

クラウドネイティブ技術を活用することにより、セキュリティ対策を従来から大きく改善することができる一方で、**分散化(Distributed)**された**不変的(Immutable)**で**揮発的(Ephemeral)**なシステム環境に対応するためには、特有のセキュリティ対策を検討することが不可欠です。

組織におけるセキュリティ対策をクラウドネイティブに適したものへと移行するためには、技術的な対策に加えて、DevSecOpsを実践するためのプロセスや体制も進化させることが重要です。

次章以降では引き続き、クラウドネイティブ技術の進化に合わせたプロセス・組織に係るセキュリティ対策について解説していきます。

CHAPTER 05

クラウドネイティブセキュリティ対策――プロセス編

本章の概要

本章では、クラウドネイティなセキュリティ対策において新たに考慮が必要となるプロセスの側面について解説します。

SECTION-25

テクノロジー以外の考慮点について

これまでは、クラウドネイティブなシステムで採用する技術の観点から、考慮すべきセキュリティ対策について解説してきました。セキュリティ対策として、パブリッククラウドやSaaSそして各ベンダが提供するツールを活用し、セキュリティ対策を効率よく実装することも重要ですが、セキュリティ対策はツールを実装したら完了ではなく、効果的な対策を短いサイクルで継続的に対応することが重要となります。

そのためにも、ツールの導入だけではなくワークロードやスピードを考慮したプロセスとすることは必要不可欠です。ここでは、クラウドネイティブなシステムにおけるセキュリティ対策について、実効性があり継続的に取り組むことを可能とするプロセスをご紹介します。

SECTION-26

従来型のセキュリティ対策とアプリ・インフラ開発フローの特徴

従来のソフトウェア開発手法であるウォーターフォール型が主流であった時代において、セキュリティテストや検査はリリース直前のフェーズで行われる場合が多く、インフラやアプリケーションのセキュリティは、システム機能や他の非機能要件と比較して、後付けで考えられるケースが多くみられます。

具体的にはアプリケーション開発やシステム構築・テストがすべて完了し、ユーザーの受け入れテストの直前で、セキュリティに関する脆弱性診断テストを実施し、アプリケーションのリリース判定を実施します。

◉通常の開発フローの図

従来型のセキュリティ対策は、サーバーのハードニングや、ファイアウォールを設置するなど、アプリケーションの周辺で実装しています。アプリケーションレベルでは、認証機能や入力フィールドのチェックなど、ユーザーの入り口での対策が中心です。

このようなセキュリティの考え方を**境界防御**と呼んでいます。

境界防御は、境界の内部はセキュアである、という前提に基づいています。このため、アプリケーションの内部ロジックにセキュリティ対策を施すことはほとんどありません。リリース直前、あるいは運用フェーズに入ってからセキュリティリスクのある脆弱性が発見された場合でも、このようにシステムの周辺でセキュリティ対策を実装しているため、アプリケーションの大規模改修のような工数と時間がかかるような対応はとらないケースがほとんどです。

下流工程でアプリケーション側での改修が必要となる手戻りが発生したとしても、全体のプロジェクト期間が長いため許容範囲となっているといえます。

SECTION-27

クラウドネイティブ型のセキュリティ対策とアプリ・インフラ開発フローの特徴

一方、システム開発にスピードと柔軟性が求められるようになったクラウドネイティブアプリケーションでは、アジャイルソフトウェア開発が主流となっており、開発チームと運用チームが継続的に協業していくDevOps活動が重要となります。**DevOps**では、絶えず変化するマーケットニーズにあわせて、アプリケーションの機能追加やシステムの構成変更が日常的に行われるため、短期間で継続的にリリースできることが必要です。

クラウドネイティブアプリケーションでは、パブリッククラウド上で展開され、SoE型の特徴を持つシステムの割合が多く、不特定多数のユーザーからインターネット経由でアクセスされることを前提とする必要があります。常にインターネット上の脅威にさらされている傾向が高いシステムであるため、境界防御型を前提としないセキュリティ対策がますます重要になっています。クラウドネイティブなシステムでは、刻々と変化する状況で適切なセキュリティを確保するためにも、短期間でセキュリティ対策の実装を実現していくことが、ビジネスにおいても必要不可欠となってきています。アジャイル開発の原則を活用し、大規模で数カ月から半年に一度のリリースよりも、小規模で頻繁なリリースを行うことを前提とします。

ソフトウェア開発の主要工程である設計・開発・テスト・リリース・運用の各プロセスは、通常左から右に向けて記載されます。前述の通り、従来型のセキュリティ対策は、通常リリース直前のフェーズでテストされます。しかし、後続フェーズになるほど、発見されるセキュリティリスクに対応したセキュリティ対策を実装し、修正内容に対するテストを完了するまでにかかる時間と工数を予測することは困難です。

開発サイクルを短くし、リリースを頻繁に行うクラウドネイティブなシステムにおいては、従来型の開発フローのように下流工程でセキュリティ対策を行う方法では、リリースまでのスピードが犠牲にされる可能性が高くうまくいきません。さらに、従来型の限定的なセキュリティ対策ではなく、これまで解説してきたような複数のレイヤーに対してセキュリティ対策を検討・実装していくことが求められます。

そのためにも、設計の段階からセキュリティ品質を考慮し、開発のライフサイクルの下流になってから大量のテストと修正を行うことのリスクを排除することが必要となります。図の左側(レフト)、すなわち時間軸の早い段階で脆弱性を作り込まない対策を施した開発を行えば、セキュリティリスクを低減させるだけでなく、品質向上、期間短縮、トータルコスト低減などの効果があります。クラウドネイティブシステムでは、セキュリティは最終段階で組み込まれるのではなく、通常はアプリケーションデリバリのプロセス内で早期に対処することが重要となります。

このように、開発の初期フェーズからセキュリティ対策を実施していくことは**セキュリティのシフトレフト**と呼ばれています。そのためには、セキュリティやテストの専門家と協力して、設計からリリースまでの全フェーズを通して小規模な単位で設計・実装・リリースを繰り返していくことが必要となります。クラウドネイティブアプリケーションを開発している組織では、「セキュリティのシフトレフト」という戦略を実現するツール導入だけでなく、それにあわせたプロセスとすることが重要となってきています。

◉セキュリティのシフトレフト

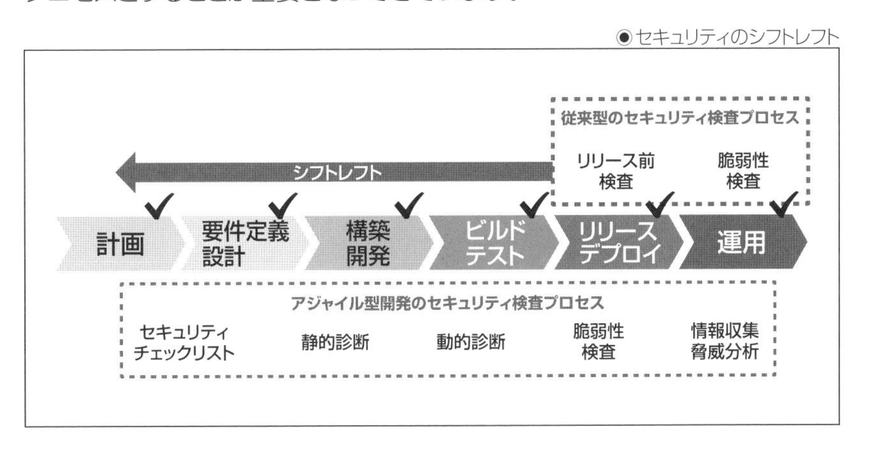

DevSecOpsとは

シフトレフトと関連する言葉に、**Security by Design**や、DevOpsにセキュリティチームとセキュリティの概念を組み込んだ**DevSecOps**があります。

Security by Designとは、アプリケーション開発の企画・設計段階からセキュリティを考慮して実装していくことです。シフトレフトやSecurity by Designを実践するためには、ソフトウェア開発ライフサイクルの早い段階からセキュリティを導入しなければなりません。そのためにもDevSecOpsの実践が重要となってきます。

DevOpsは、ソフトウェア開発チーム(Developer)と運用チーム(Operations)が互いに協力し合い、ソフトウェアの品質向上およびリリースまでの時間を短縮するための活動全般を指しています。DevSecOpsは、DevOpsの開発チームと運用チームに、さらにセキュリティチーム(Security)とも協業することで、セキュリティ実装に関するコスト上昇や開発期間の長期化を低減することを実現するための活動です。

シフトレフトは開発プロセス、Security by Designは概念、そしてDevSecOpsは開発・運用体制に関する考え方となり、それぞれが考慮されることで、クラウドネイティブセキュリティの実装が可能となります。これらに共通する目的は、テストフェーズにおいて、脆弱性が見つかってからあるいはリリース後にインシデントが発生してから、といった事後対応のセキュリティ対策ではなく、プロアクティブに対策することで開発期間の短縮と対応コストの削減を主眼としています。

DevSecOpsの基本的な考え方は、開発プロセスの初期フェーズからセキュリティに関する考慮事項を取り入れ、ソフトウェア開発ライフサイクル(SDLC: Software Development Life Cycle)のすべてのフェーズ(計画、コード、ビルド、テスト、リリース、デプロイ、運用、モニタリング)でセキュリティを適用することを目指します。ソフトウェアやシステム開発のライフサイクルに携わる全員がセキュリティに責任を負うということです。

更新頻度の高いクラウドネイティブアプリケーションでテスト自動化が重要であったのと同様に、**静的解析(SAST:Static Application Security Testing)ツール**や**動的診断(DAST:Dynamic Application Security Testing)ツール**を活用してセキュリティ対策を自動化し、CI/CDのパイプラインに組み込みます。テストを自動化して負荷を抑えながらセキュリティ脆弱性などをCI/CDパイプラインの早い段階で検知するように実装し、リリース前に十分に修正を施した安全で高品質なアプリケーションを開発します。

アプリケーション脆弱性の早期検知という観点では、アプリケーションのセキュリティ検査をシフトレフトするだけでなく、セキュリティ監視において発見・発生したインシデントや脅威情報をプロアクティブに収集・分析して脆弱性を見つけたら、その対策もCI/CDパイプラインに追加していきます。従来のソフトウェア開発ライフサイクルに比べて、開発期間の短縮やコスト抑制だけではなく、品質とセキュリティ向上が期待できます。

開発チーム、運用チーム、セキュリティチームが一体となって、下図のライフサイクルを短期間で繰り返すことで、これまでよりも迅速かつ頻繁にセキュアなアプリケーションをリリースしていきます。

◉DevSecOpsでのライフサイクル

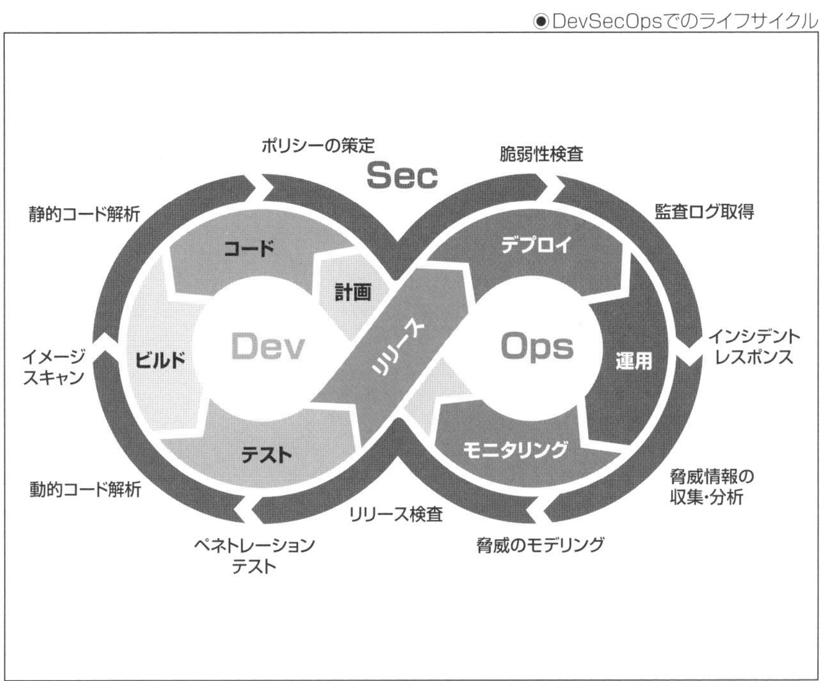

SECTION-29

DevSecOpsを成功させるためには

DevSecOpsを実現するには、クラウドネイティブなテクノロジーとDevOpsプロセスを広く実践し、その上でセキュリティを統合する全体戦略を構築する必要があります。開発プロセスの初期フェーズからセキュリティ分析およびテストが実装できるようにするために、DevSecOps活動を通じて、関係者全員がセキュリティに責任を持ち、チーム全体で協業しプロセスを策定します。このとき、セキュリティ組織が、プロセス全体に関するセキュリティ要件の整理やポリシーの適用範囲、ガイドライン、コーディング標準などの整備についてサポートします。

開発・運用チームは、セキュリティ組織が整備したポリシーなどをベースに、開発プロセスに統合します。その際、反復的なループによる継続的な改善を行うことを前提し、これまで解説してきたクラウドネイティブなテクノロジーやツールを活用し各種プロセスを自動化します。CI/CDの仕組みと最適化されたプロセスにより、セキュリティ対策をシフトレフトすることが可能となります。

ほとんどのプロセスは、ツールやテクノロジーを活用し自動化する必要がありますが、まずは小規模から始めて段階的に構築し、継続的な改善を行っていきます。自動化の範囲やプロセスについてはそれぞれの状況により異なるため、システムの特性やメンバーの成熟度により、徐々に人間が介入する操作を減らしていくのがよいでしょう。

セキュリティ対策に限ったことではありませんが、検討、ツール選定に対して長い時間をかけることによりプロジェクト自体がなかなか始まらず、検討開始時のマーケットやテクノロジーなどの前提が変わってしまい、そもそもの検討内容が無駄となってしまうリスクもあります。

クラウドネイティブでは、急速に変化するテクノロジーによって新しい機能やプロダクトがリリースされることを考慮して、柔軟性を持ったDevSecOpsのパイプラインとパターンを実装します。まずは、シフトレフトのプロセスを前提として、できるところから実装し、徐々に対策内容を増やしていく継続的改善を行っていくことが重要となります。

シフトレフトを実現するためにもDevSecOpsの実践が必要となり、当然、DevOpsと同様にテクノロジー、プロセスだけでなく、組織文化やガバナンスと幅広い対応が求められます。DevSecOpsを成功させるための組織文化については、次章にて詳しく説明します。

なお、本節については米国防総省(US Department of Defense: DoD)発行の下記も参考になります。

- DoD Enterprise DevSecOpsReference Design
  URL https://public.cyber.mil/devsecops/

本章のまとめ

本章では、クラウドネイティブ環境のセキュリティ対策する上で、重要となるプロセスの変革について説明しました。プロセスを考慮する上での従来型とクラウドネイティブなセキュリティ対策の特徴を下記にまとめます。

◉開発手法とセキュリティ対策の特徴

項目	従来型	クラウドネイティブ
リリース間隔	数カ月〜1年	数週間〜数カ月
アプリケーション形態	モノリシック	マイクロサービス
主要なセキュリティ対策	境界防御	ゼロトラスト
開発手法	ウォーターフォール	アジャイル開発
セキュリティ検査タイミング	リリース直前	シフトレフト(全工程で実施)
システム稼働環境	オンプレミス、サーバー型仮想化	パブリッククラウド、コンテナ

クラウドネイティブなシステムにおいては、常にインターネット上の脅威にさらされていることやアプリケーション開発のスピードが重視されるため、短いサイクルでの継続的な対策が必要となります。そのためにも、ワークロード負荷の軽減やスピードを実現するツールの導入だけでなく、システム開発・運用のライフサイクル全体においてセキュリティを考慮したプロセスにすることが必須となります。そのためにも、DevSecOpsの実践が鍵となります。

DevSecOpsを実践することで次のことが期待できます。

- 開発からリリースまでの期間短縮
- リリース頻度の向上
- アプリケーションのライフサイクル全体にわたる完全に自動化されたリスクの特性評価、監視、および負荷の軽減
- セキュリティの脆弱性とコードの弱点に対処できるペースでのソフトウェアの更新とパッチ適用

クラウドネイティブなシステム開発を始める際は、セキュリティ対策を後回しとするのではなく、プロジェクト立ち上げ時においてシフトレフトを考慮した開発・運用プロセスを前提とした計画を立案することをおすすめします。

CHAPTER 06

クラウドネイティブセキュリティ対策──組織編

本章の概要

CHAPTER 05では、セキュリティ対策に関するシフトレフト・DevSecOpsなどのプロセスの違いについて解説してきました。クラウドネイティブという新しい技術を企業ITに採用することで、今までのセキュリティ対策と運用プロセスを見直すだけではなく、組織体制・文化の見直しも求められます。
本章では、システムを開発・運用する上で、セキュリティの観点で組織が今後どのような姿を目指すべきか、目指すために何が必要になるかについて提言として整理します。

SECTION-30
従来型のセキュリティ対策と組織・文化の特徴

従来型のセキュリティ対策では、リリース直前のフェーズにおいてテストや検査が行われる場合が多く、インフラやアプリケーションのセキュリティは、システム機能や他の非機能要件と比較して、後付けで考えられるケースが多くみられます。セキュリティ対策の優先度が低い理由としては、プロセスだけの問題ではなく、サービスが展開される環境や組織的な特徴も影響しています。エンタープライズにおける従来型のITシステムは、社内業務の効率化のためのシステムが多く、オンプレミス環境での稼働が前提になっています。

オンプレミス環境の場合、セキュリティ対策に関する考え方は、一般的に境界防御型のアプローチをとるケースがほとんどです。データセンター内で、インターネットとの接続がない安全なネットワークセグメントであれば、直接、攻撃されないという前提を置くことで、各アプリケーションやインフラにおけるセキュリティ対策は必要最低限として開発コストと期間を削減しています。

また、インターネット接続を伴うシステムについても、インターネットに直接、接続する領域にファイアウォールや**IDS(Intrusion Detection System:不正侵入検知システム)/IPS(Intrusion Prevention System:侵入防止システム)**を導入することで、すべてのトラフィックを監視し、セキュリティ対策を一手に引き受けるパターンとなります。

したがって、セキュリティ対策は、各システムでは最低限の各プロダクトの設定レベルで実装することが多く、セキュリティに責任をもっている組織が一括して境界防御を前提として実装しています。アプリ開発・インフラチームでは、セキュリティに対して責任を持つことは少なく、セキュリティの専門スキル保持者も少ないことから、セキュリティを考慮した設計・実装は優先度が低くなる実情があります。

組織規模が大きな企業では、情報システム部門の中だけでも、企画、インフラ、アプリケーション開発、セキュリティ、運用などは別々の組織、または別会社となっていることが多く、**サイロ型**の組織構造となっています。

アプリケーションやインフラを設計・開発・テストするフェーズでは、それぞれの組織が自分たちの役割に従い作業を担当します。プロジェクトまたはシステムライフサイクルのなかで、各組織が担当するフェーズもだいたい決まっています。

各組織間での協業が発生してくるのは、プロジェクトの後期に入ってからとなり、プロジェクトの初期フェーズからセキュリティチームが参画するようなことはほとんどありません。セキュリティ対策はセキュリティ組織によって担保されることとなっており、その検査もリリースされる直前に実施されます。そして、運用・保守フェーズにはいってからも、セキュリティインシデントについては、通常の運用・保守チームではなく、**SOC/CSIRT**などのセキュリティに特化したチームやベンダーなどを活用したセキュリティ監視・インシデント対応を行っている傾向があります。

SOC/CSIRTの役割の違いとしては、SOCは脅威となるインシデントの検知に重点が置かれており、CSIRTはインシデントが発生時の対応に重点が置かれている、という特徴があります。

SOCとは

SOCとは、「Security Operation Center(セキュリティオペレーションセンター)」の略称で、一般的には企業などにおいて情報システムへの脅威の監視や分析などを行い、的確なアドバイスをする役割を持つ組織を指します。24時間365日の体制で監視するのが特徴です。具体的には、企業で利用しているファイアウォールや侵入検知システムといったセキュリティ機器、ネットワーク機器や端末のログなどを定常的に監視します。サイバー攻撃や不正アクセスといった脅威となるインシデントの発見や特定を実施し、そのインシデントの影響範囲を調べることや、あらかじめ想定されたリスクや指標に基づいて判断するなど、高い専門性が要求されます。

CSIRTとは

CSIRTとは、「Computer Security Incident Response Team」の略称で、一般的にはセキュリティインシデントの対応を行う組織を指します。どんなに強固なセキュリティ対策を実施しても、セキュリティインシデントを完全に防ぐことは難しいため、「いつかはセキュリティインシデントが発生する」という考え方で設立する組織です。セキュリティインシデントが発生したら企業内の関連部門への連絡や調整、外部ベンダーと連携した技術支援活動など、システム復旧や原因究明まで網羅的に担うのが特徴です。また、有事の際に適切な対応をとるために、日ごろから最新のサイバー攻撃手法やマルウェア動向に関する情報収集、外部組織との交流、セキュリティ対策の技術動向の把握など、企業を代表するセキュリティ対応組織としての活動も要求されます。なお、CSIRTについては下記が参考になります。

- What's CSIRT(日本シーサート協議会)
  URL https://www.nca.gr.jp/imgs/CSIRT.pdf

前述したように、従来型の組織構造は概ね下図のようになっており、役割が明確化されたサイロ型組織構造となっているため、フェーズごとで必要となる役割を担った組織が担当しています。

●通常の組織と役割

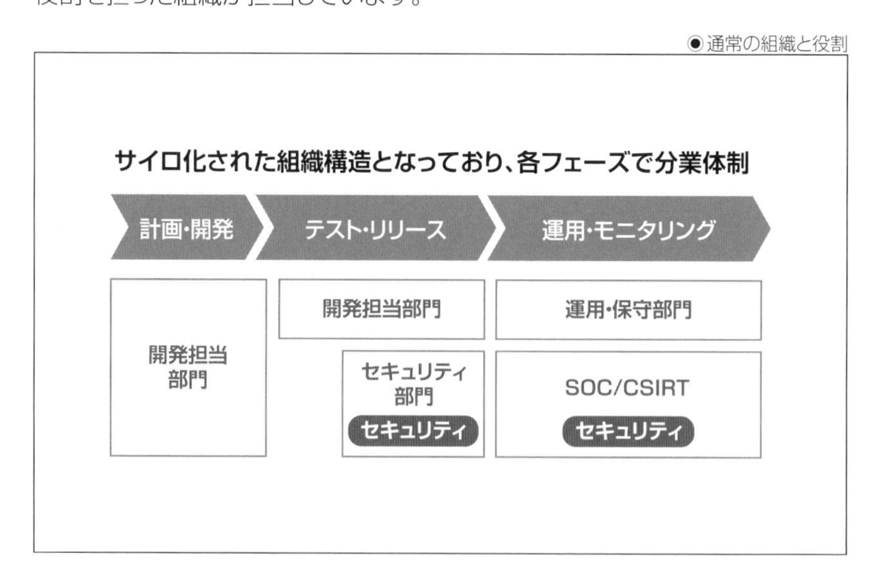

SECTION-31

クラウドネイティブで変わる組織と役割

クラウドネイティブなアプリケーションでは、パブリッククラウド上で展開されている割合が多く、システムもSoE型であることが多いため、不特定多数のユーザーからインターネット経由でアクセスされることを前提とする必要があります。クラウドネイティブで採用されるソフトウェアもOSSであることが多く、OSSのコードや脆弱性情報は基本的に一般に公開されているため、誰もがそれを悪用して容易に攻撃できてしまうこともセキュリティリスクの要因の1つとなります。

オンプレミス環境で展開されていた従来型のシステムとは異なり、クラウドネイティブになると常にインターネット上の脅威にさらされている傾向が高いシステムであるため、セキュリティ対策の範囲が広がっています。

システムの稼働環境が、オンプレミスからクラウドになったことで、特定企業を狙った「標的型攻撃」や「ランサムウェア攻撃」、不特定多数を無差別に狙った「フィッシング詐欺」などのサイバー攻撃は年々拡大しており、従来からあるFW(ファイアウォール)、**IDS/IPS**などのシンプルな境界防御だけでは太刀打ちできず、多層防御によるセキュリティ対策が必須になっています。セキュリティ対策を検討する際には、クラウドネイティブに求められる俊敏性・拡張性などの特徴を活かした実装とする必要があります。

開発・運用組織に求められる役割の変化

従来のサイロ化された組織ではセキュリティの専門組織が一手にセキュリティ対策を担ってきましたが、このようなクラウドネイティブなシステムにおいては、CHAPTER 05でも記述したシフトレフトやDevSecOpsが重要となります。

クラウドネイティブな環境でDevSecOpsアプローチを成功させるためには、新しいテクノロジーの採用や既存のプロセスを変更するだけでなく、ガバナンスのやり方やそれにあわせて組織や文化を変えていく必要があります。システムの信頼性について、運用担当者だけが責任を持つのではなく、すべてのステークホルダーが責任を持つのと同様に、セキュリティについても、すべてのステークホルダーが責任を持ち、それぞれの対策を実装していくことが求められます。

クラウドネイティブなシステムでは、DevSecOpsの考え方をベースとして、開発・運用チームにおけるセキュリティに関する役割やアクションについても、たとえば次のような活動ができるように見直していく必要があります。

- ユーザー部門からセキュリティに関する要望をヒアリングする
- アプリ開発チームは、ユーザーからのセキュリティ要件を分析し、セキュリティの設計・実装を計画する
- インフラ構築・運用チームは、従来からの対策に加えて、アプリケーションのセキュリティ品質についても管理・サポートを実施する
- セキュリティを考慮したCI／CDパイプラインやモニタリングを設計・実装する

そして、アプリケーションが本番稼働した後も、これらの活動を継続的に行っていくことが重要となり、実現するための開発・運用体制に変革しなければいけません。

しかし、クラウドネイティブなシステムでは、セキュリティ対策はますます高度化・複雑化しており、攻撃手法も増え続けているため、脆弱性や脅威情報の収集・分析・対策まで全て開発チーム・運用チームだけでやるのも限界がくる可能性があります。

これまで説明したように、DevSecOpsの体制を作って幅広に対応できるようになったとしても、セキュリティインシデント発生時にはログ解析や脆弱性情報に知見や経験のある人材が必要です。そして、このような複雑なセキュリティ対策を包括的に行う組織がSOCです。発報されたアラート内容を確認し、必要に応じて専門家による分析が必要となり、緊急度が高い内容に関しては、企業への影響判断するためのチーム(CSIRT)も必要です。

開発チーム・運用チームは、SOC/CSIRTの専門組織との協業を推進することで、安全で信頼性の高いシステムを目指します。

セキュリティ対応組織に求められる役割の変化

前述したようにSOC/CSIRTの専門組織は不要にはなることはありませんが、DevSecOpsを推進するためには、開発・運用チームだけでなくセキュリティ対応組織側も変化が必要です。これまでは、セキュリティ対応組織だけでセキュリティ診断などを実施し、本番稼働後も、SOC/CSIRTの組織だけで監視・インシデント対応するケースが多くみられます。

しかし、全フェーズにおいてすべての関係者がセキュリティに対して責任を持つこと(持たせること)を推進するためにも、セキュリティ対応組織にもDevSecOps活動をサポートするための役割の変化が必要です。

情報セキュリティを管理する組織には、主に次の8つの機能があります。

- 組織運営(対象範囲、対応方針、対応基準、プロセス、リソース管理)
- 構成管理情報の連携(構成管理)
- セキュリティ対応状況の診断(脆弱性診断)
- セキュリティ監視
- インシデント対応
- 社内外の組織との連携
- 脅威情報の収集と分析
- セキュリティ対策システムの開発と運用

これまで情報セキュリティ組織が持っていたこれらの機能や役割を、システムのライフサイクル全体に対して適用するとともに、開発・運用チームに機能・権限委譲できるように、ポリシー、ツールなどを見直す必要があります。セキュリティの専門組織として、開発・運用チームに対して、ポリシーを提示するだけでなく助言や脅威情報などを展開するとともに、教育のための研修などを企画・提供します。

このようにセキュリティに関する役割などを、開発・運用チームにも分散することで、どの企業でも課題となっているセキュリティ人材不足についても効果が期待できます。

企業規模や運用対象となるシステム数によっては、そもそもセキュリティ専門チームを作れないケースもあります。その場合は、SOC/CSIRTの機能について、一部外部組織に委託するなどの対応も必要でしょう。外部に委託する際にも、DevSecOpsで目指すべきところの開発チームと運用チームと協働できるスキームを構築しましょう。

クラウドネイティブセキュリティを実現するためには、関係するメンバーすべてにおいて、開発・運用・セキュリティを包括的に捉えて責任を共有します。各組織がフェーズごとに、それぞれの役割のみ担当するのではなく、フェーズ全体においてそれぞれの組織のコアとなる役割をベースとして、チーム間のコミュニケーションとコラボレーションを強化していきます。そして、開発・運用・セキュリティチームで協業することで、システムのライフサイクル全体に対して、セキュリティを組み込むのと同時に、それらの自動化を推進します。

●DevSecOpsの組織の役割

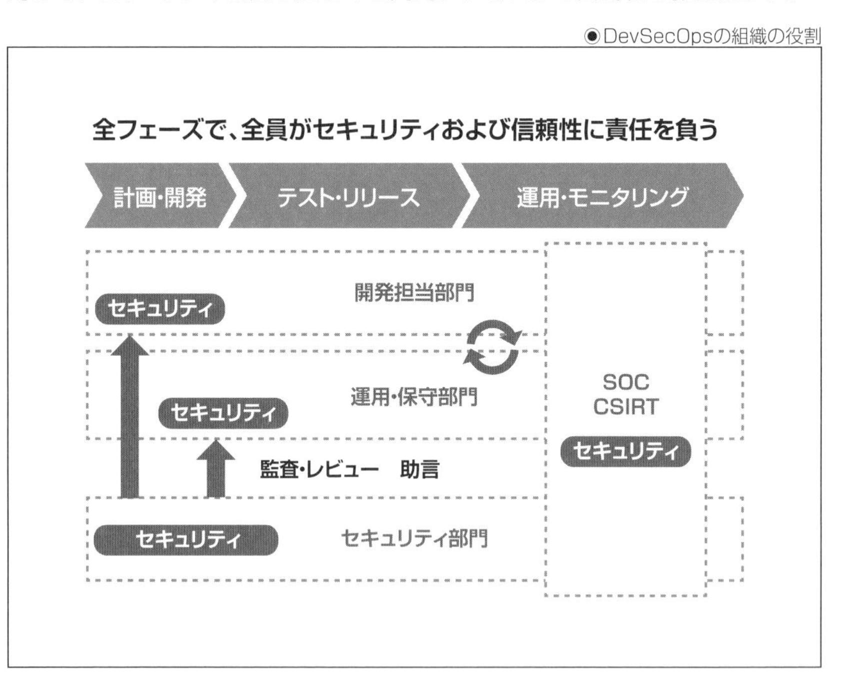

SECTION-32

DevSecOpsに対するSREの新たな役割

これまで説明したように、DevSecOpsを実現するためには、プロセスやそれに合わせたツールだけでなく、これまでのサイロ化された役割を超えて協業するための新しいマインドセットが必要となります。しかし、このような変化を実現するのは、簡単ではありません。

実際のエンタープライズにおいて、DevSecOpsを実践する場合、具体的にどのようなことを検討すればよいのでしょうか。

DevSecOpsについて記述する前に、DevOpsについて説明します。

DevOps活動の実践の1つとして、注目されているのが**サイト信頼性エンジニアリング:Site Reliability Engineering(SRE)**です。SREとは、2003年にGoogleで誕生したエンジニアの役割で、システム管理とサービス運用の方法論です。

SREでは、従来型システムにおける運用上の課題に対してソフトウェアエンジニアリングによる解決手法を取り入れることで解決することが特徴です。信頼性についてプロダクトの基本的な機能として、**トイル**と呼ばれるような手作業を自動化し、**サービスレベル目標(Service Level Objective:SLO)**に従い運用することで、システムの信頼性、生産性を向上させるための活動を行います。

開発期間の短縮とシステムの品質向上は相反する目的のように思えますが、クラウドネイティブな俊敏性が求められるシステム運用に対してSREモデルを取り入れることで、システムの信頼性を維持しつつ、変化への迅速な対応を可能とします。

最近では、モバイルアプリやWebサービスを提供する企業だけではなく、さまざまな業種のエンタープライズにおいてもクラウドネイティブ技術の活用が進むにつれてSREをモデルとした運用を採用する企業が広がっています。

セキュリティに対する重要性が増すにつれて、DevOpsの実装として最近エンタープライズでも採用が進んでいるSREにおいても、DevSecOpsへの取り組みが求められています。

SREの活動についても、可用性を重視したシステム信頼性のみをスコープとし、セキュリティ対策についてはセキュリティチームに任せるということではなくなってきています。SREが責任を負うシステム信頼性が重要なのは、システムの信頼性がエンドユーザーの満足度そしてビジネス展開において非常に重要となるからです。セキュリティへの対策も同様の理由で重要となります。

DevOpsの実践としてSREが信頼性をソフトウェアのライフサイクルに組み込んだように、DevSecOpsというアプローチの実践として、SREはセキュリティについてもソフトウェアのライフサイクルに組み込みます。

DevSecOpsの実践により、アプリケーションのセキュリティ、安全なリリース、信頼性の高いシステム運用が可能になります。

システムの信頼性とセキュリティについては、Googleから出版されている『Building Secure and Reliable Systems』でも、その重要性が指摘されています。

- Building Secure & Reliable Systems
  URL https://sre.google/books/

ここからは、上記ドキュメントを参考としながら、エンタープライズにおいてシステム信頼性とセキュリティの実装についてSREモデルをベースとしてどのような考慮点があるか考えてみます。

SECTION-33

信頼性とセキュリティのトレードオフについて

セキュリティと信頼性はどちらも、システムの**機密性(Confidentiality)**、**完全性(Integrity)**、**可用性(Availability)**に関係しています。機密性、完全性および可用性は、安全なシステムの基本的な属性であると考えられており、CIAトライアドと呼ばれています。信頼性とセキュリティはどちらもシステムの重要な機能でこの3つの属性を備えている必要があるのですが、信頼性と安全性の両方を備えたシステムを構築しようとすると、いくつかトレードオフが発生するため、バランスをとった設計・実装が必要となります。

信頼性とセキュリティの設計では、考慮すべきインシデントの発生原因が異なります。悪意のある敵の存在有無です。

信頼性に関する主なリスクは、性質上、悪意のないものです。たとえば、ハードウェア障害や変更作業による不具合などによるもので、完全に防ぐことが不可能で、ある時点で発生すると想定します。

一方、セキュリティリスクは、システムの脆弱性を積極的に悪用しようとする攻撃者から発生します。敵がいつ、どこで、どのような問題を起こそうとしている可能性があるか想定します。

前述した考慮事項を踏まえて、信頼性について設計する場合、ハードウェア障害や変更作業による不具合が発生しても業務継続可能させるために、多くの場合システムに冗長性を追加する必要があります。しかし、攻撃者が存在する場合、冗長化により信頼性は向上しますが、攻撃面も増加するためセキュリティリスクは高まります。

膨大なシステムログはインシデントへの応答・通知そして復旧までの時間を短縮する可能性がありますが、ログに記録される内容によっては、これらのログは攻撃者にとって貴重なターゲットになる可能性があります。

信頼性を最大限に考慮すると、システムはインシデントが発生しても可能な限り機能し続ける必要がありますが、セキュリティを最大限に考慮すると、システムはインシデントに直面した場合、完全にロックダウンする必要があります。

このように、信頼性とセキュリティの実装に関する考慮点は明らかに矛盾する点がありますが、どちらも重要な機能となるため、サービス要件に基づきバランスをとった設計が必要となります。どちらもリリース後での完全なる実装は難しいため、設計の初期段階でのSREとセキュリティ担当者の協業がより重要となります。

●信頼性とセキュリティのトレードオフ

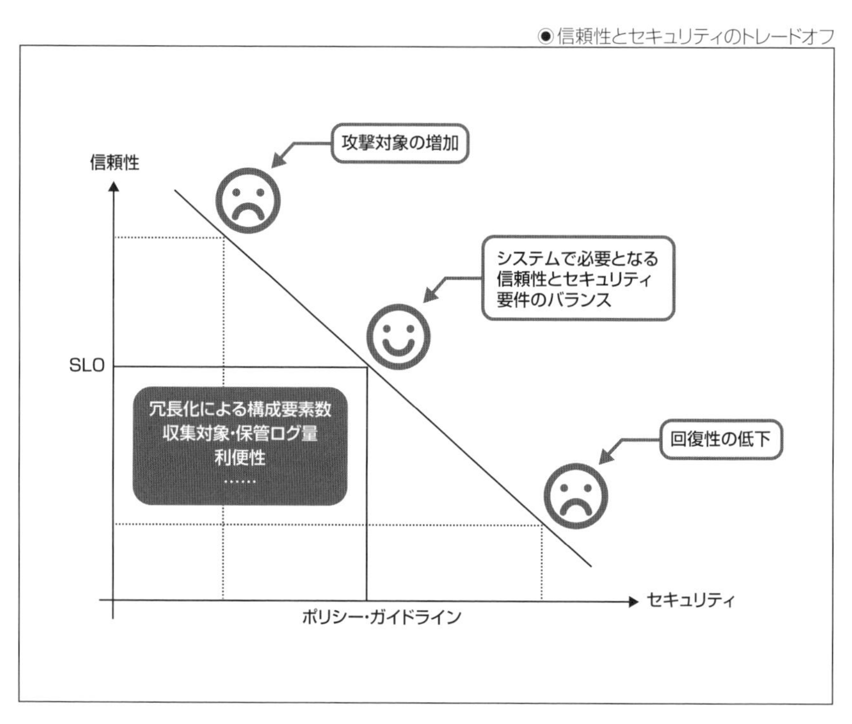

SECTION-34

信頼性とセキュリティを実現する組織文化

セキュリティと信頼性について対応することが当たり前となっている文化を持つ組織は、プロジェクトのライフサイクルの早い段階からすべてのチームが協業し実装について検討し、リリース後も継続的に新たなリスクについて議論することを推進します。このような文化に変わることで成熟度が上がり、システムライフサイクルのすべてのフェーズにおいて、すべての担当者が、当たり前のようにセキュリティと信頼性を組み込むことを容易とします。

セキュリティと信頼性の両方を向上させる取り組みは、前述のトレードオフの特性から、チーム間の摩擦増加や変化に対する恐れや懸念を引き起こす可能性があります。これらの懸念事項に対処し、変化に消極的なメンバー・組織から協力を得ることが必要となります。

ここでは、SREモデルの運用におけるプラクティスをベースとして、信頼性とセキュリティの両方を実現する組織文化に変化するためのポイントを記述したいと思います。

共通の目的・指標の設定・共有

DevSecOpsを推進するためには、これまで説明してきたように、サイロ化された組織構造を変更して、システム開発のライフサイクルにおいて全体的な視点を取り、サービス開発、セキュリティ、および運用の責任を共有し、チームのコミュニケーションと協業を強化します。

システムを設計、実装、運用するメンバーが、異なる役割を超えてコラボレーションするためには、メンバー全員で共通の目的や指標を共有する必要があります。システムの信頼性や安全性は、SLOのような測定可能なメトリクスや定義された脅威モデリングなど、観察可能な指標を通して評価することができ、チーム間でのセキュリティアラート、サービスレベルに対する共通の指標や目標値を定義し・共有します。

また、品質に関するレポートや発生したインシデントレポート(ポストモーテム)などの情報についても共有します。関係者全員で、良い・悪い情報を共有することで、心理的にも安心のある文化を醸成します。情報を共有することで、エンドユーザーからのフィードバックや開発・運用・セキュリティチームからの変更を受け入れる障壁をさげて、新しい要件に機敏に対応していきます。

組織ごとにサイロ化された目標ではなく、チーム間で共通の目標や指標を定義し、それに対して全員で責任を負うことで協業を推進し、建設的な議論とデータ駆動型の意思決定を可能とします。

さらに協業を推進するには、共通の指標を共有するだけではなく、数週間から数カ月の期間でもいいのでジョブシャドウイングまたはジョブスワッピングなどを実施し、他チームの考えやインシデント対応などを学習するのも非常に有効です。

●共通の目的・指標の設定・共有

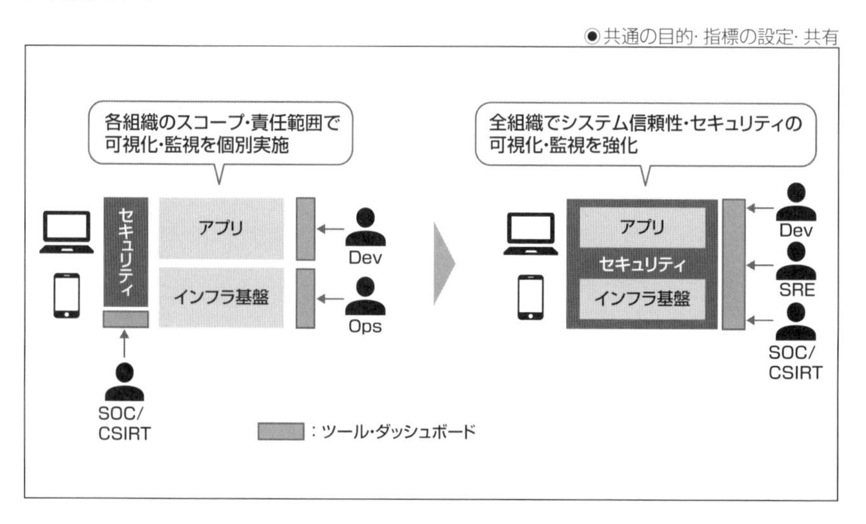

インシデントは必ず発生する

信頼性やセキュリティに関する想定可能なインシデントすべてに対応することは、非現実的か相当コストがかかります。完璧なシステムはなく、いずれのシステムもどこかのタイミングでサービス停止やセキュリティインシデントが発生する可能性があります。

クラウドネイティブな大規模分散システムでは、予測できないサービスの停止から悪意のある攻撃者による不正アクセスなどの攻撃まで、多種多様なインシデントが起こり得ます。ベストプラクティスを通じてこれらの障害や攻撃の一部を予測して防止できますが、インシデントの発生を完全に防ぐことは不可能です。実装した対策も失敗することを想定し、インシデントを早期検出して迅速に回復する計画を立てる必要があります。

この必然性を受け入れることで、より安全で信頼性の高いシステムを構築し、障害や攻撃に対応するための適切な心構えを得ることができます。インシデントは必ず発生するという文化をもつ組織は、インシデントの可能性について率直に話しあうことができ、効果的にインシデントに対応できるように次のような活動に時間を費やすことを可能とします。

◆ インシデント対応計画の策定

発生する可能性のあるシナリオについて事前に検討し対応計画を設計します。**インシデント指揮官、作業実施者、コミュニケーションリーダー**などの役割やウォールーム（War Room）の設置場所・ツールなどを定義していきます。対応プロセスを文書化し、インシデントと判断した場合は対策チームがあらかじめ決めておいた手順に基づいて対応できる必要があります。最初からすべての状況について計画することは困難なので、最初のステップとしては、最も重要なコンポーネントまたは重要なデータを特定し、そこに影響があるシナリオから検討し、徐々に対象を拡張していくのがよいでしょう。

◆ インシデント対応の訓練

インシデント対応は、日常的に訓練しておかなければスキルの保持は困難です。訓練を怠ると、インシデント発生した際の復旧時間が長くなる可能性があります。インシデント対応手順をリハーサルし、継続的に改善することをお勧めします。

◆ ポストモーテムの活用

良い事象と悪い事象の両方に関する**ポストモーテム**をステークホルダー全体で共有することにより、同じインシデントが発生するのを防ぐことで、信頼性が高く安全なシステムを構築することを目指します。チームは、成功と失敗の両方を学習の機会として活用し、システムを改善して実装を強化し、DevSecOpsプラクティスの一部としてインシデント対応機能を強化する必要があります。

インシデント対応について補足すると、セキュリティおよび信頼性に関連するインシデントから迅速に回復できる必要がありますが、セキュリティインシデントの場合は、攻撃者が存在するという違いがあります。信頼性に関するインシデントの場合、インシデント発生前の状態に戻すことが重要ですが、セキュリティインシデントの場合、攻撃を軽減しながらの回復作業が必要となります。新たな攻撃が発生しないか、対応策が回避されないかなどを考慮した回復作業を前提として、インシデント対応を計画します。

◉インシデント対応

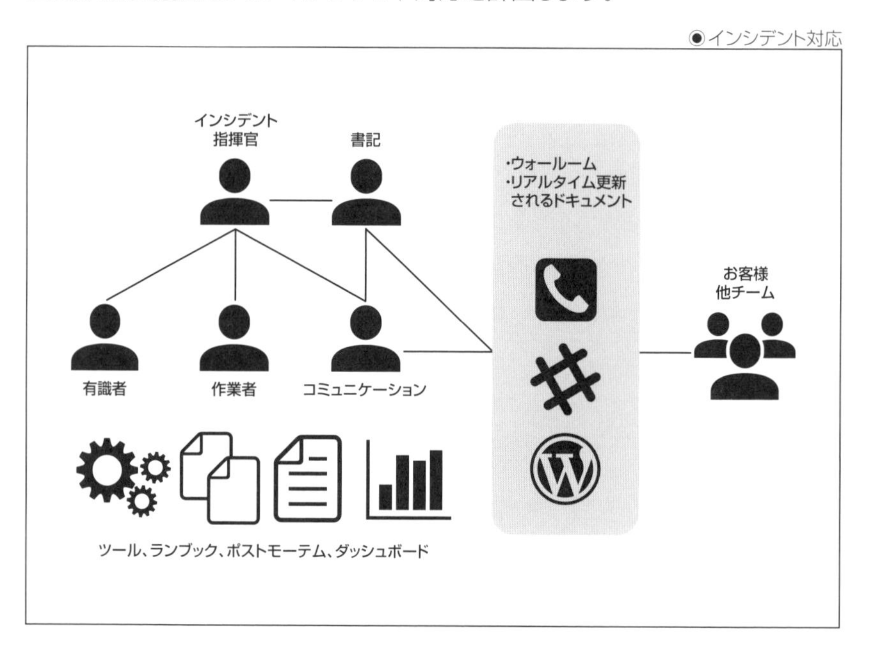

リスクの受容と軽減

セキュリティ上の欠陥や信頼性の問題によって、収益の損失や何らかの悪影響を被ったことがある場合、組織は変更やセキュリティリスクに対して保守的なカルチャーとなりがちです。変更に伴う障害が発生する可能性を極力回避するような保守的なカルチャーでは、アジリティが重要視されるクラウドネイティブなシステムにおいては、マイナス要因となってしまいます。

イノベーションや日々変化するセキュリティの脅威に対応するために必要となる変更に対して、ある程度のリスクを意図的に受容することも必要となりますが、システムに求められる信頼性やセキュリティレベルが達成できることが前提となるため、そのためのリスク管理を行います。

リスクを受け入れるには、リスクを評価および測定できる必要があります。逆にいうと、リスクを受け入れる文化があって、はじめてリスクを測定し正しく評価することが可能となります。リスクを評価および測定するためのアプローチの1つに、**エラーバジェット**という指標があります。エラーバジェットとは、SREチームが新機能のリリースやサイト信頼性の改善のためにサービス提供を犠牲にしてもよい時間のことです。エラーバジェットは、100%からSLOを引いた値となります。SREチームは、エラーバジェットを有効活用し、システムのリリースや、機能改善の検証、障害訓練などの実施を計画します。

SLOとエラーバジェットを活用し、セキュリティリスクに関する指標を定義することで、システムの健全性と受容可能なリスクとのバランスを制御します。

●リスクの管理

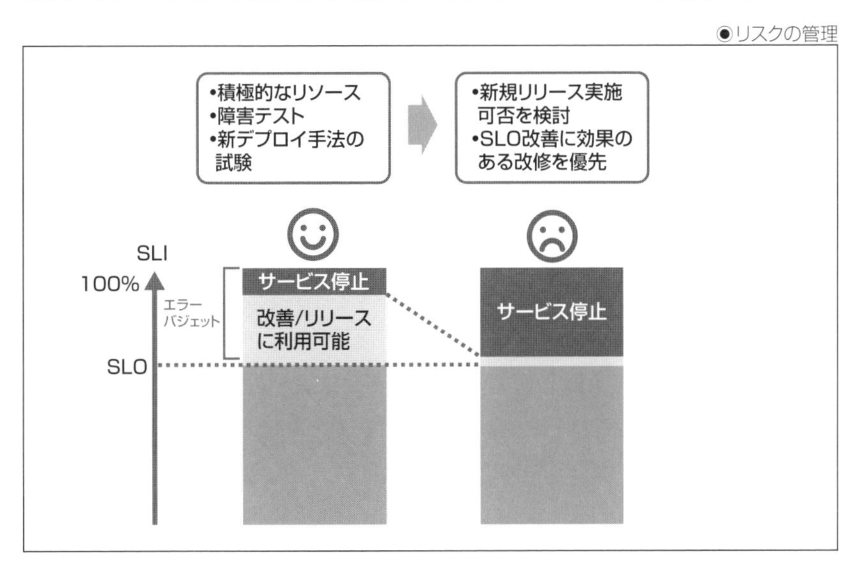

リスクを受け入れる文化があれば、リスクを軽減するための対策を実装しようとします。変更に対するリスクを軽減するために必要となるのが、変更の範囲を限定するために、一度に大きな変更をするのではなく、小さな変更を多数行うことです。リリースに含まれる変更範囲が小さいほど、リスク管理が容易となり、ロールバックの可能性も減ります。そして、段階的なロールアウトと**カナリアリリース**を通じて変更をゆっくりと展開することで、不具合のあった変更に対する影響範囲は小さくなり、リリースに対するリスクを減らすことができます。

◉セキュリティリスクの軽減

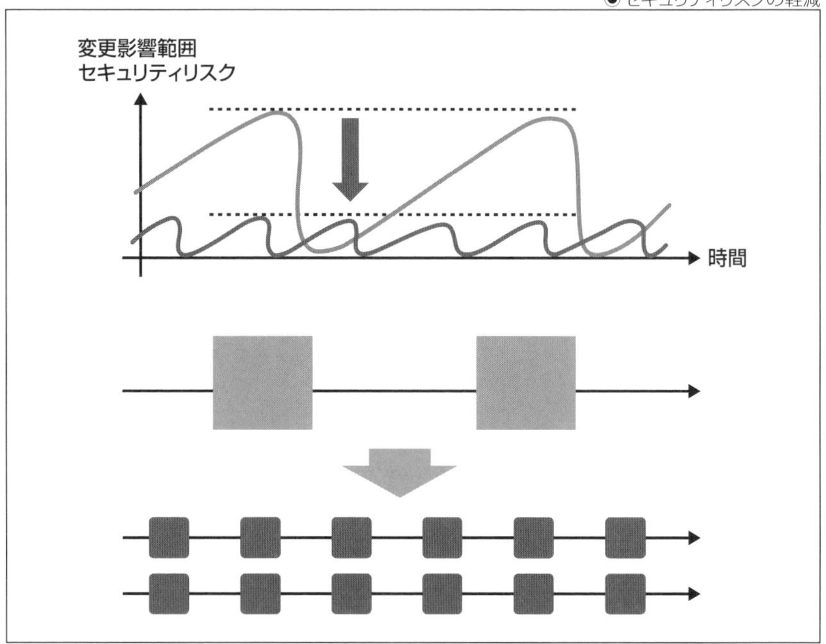

リスクを受け入れるためには、リスクを個人やチームに押し付けるのではなく、組織全体で受け入れることが重要となります。チーム全体で事前に合意した共通のテスト項目を自動化に組み込むことや、最小権限や回復性がデザインされたシステムとし、変更に対する個人やチームの責任範囲を小さくすることで、変更に対する心理的障壁を下げます。

持続可能なリソースの確保

システムの信頼性およびセキュリティを向上していくためには、そのためのエンジニアリング時間の確保は必須です。システムの信頼性とセキュリティ機能を長期的に維持するために、組織はそれらを改善するための努力が継続的に行われるようにし、十分な要員および時間を確保する必要があります。

信頼性とセキュリティに対して継続的改善を実践していく組織は、運用作業を処理するために必要なワークロードと、信頼性やセキュリティに関する改善を行うために必要なワークロードを測定し、バランスを管理します。脆弱性情報やエンドユーザーのフィードバックなどからの新規要件に対して積極的に対応する組織です。これまで蓄積された技術的負債を改修することは、信頼性の向上やセキュリティリスクの低減をもたらし、将来的なインシデント対応工数などの削減も期待できます。

継続的改善を計画しリソースを確保できたとしても、想定外のインシデント対応などで、一時的にチーム全体の負荷が高くなる可能性があることを認識し、通常状態の負荷まで下げるための適切なプロセスも計画しておきます。その際、SLOに基づくデータ駆動型の作業優先度を決定することはもちろんですが、開発チーム・運用チーム・セキュリティチームの全員で作業を分担することができるように計画しておきます。

セキュリティ教育の徹底

最後は、セキュリティ文化の醸成です。すべてのメンバーは、セキュリティと信頼性の責任があることを認識し、前述した取り組みや考え方に対する共通理解を持つことが重要となります。そのためにも、セキュリティ教育に関する戦略をたてることは、セキュリティ文化を構築するための鍵となります。

DevSecOpsの概念と新しいテクノロジーを使用して関係するメンバーをトレーニングし、すべてのステークホルダーから徐々に賛同を得ます。

セミナーの開催や各種ドキュメントを整備展開して情報発信していくことは非常に重要ですが、多くの学習者は、ビデオを見るなどの受動的な学習方法よりも、ハンズオンラボのようなインタラクティブな学習方法の方が定着率が高くなっています。

セキュリティと信頼性について、仮想のシステムを設定し、実際に設計したり、リリース時やサイバー攻撃を受けた際のインシデント対応に関する演習を計画し展開することをおすすめします。実際にインシデント対応することで、セキュリティと信頼性についてより深く理解することができ、これまで担当外であった領域や役割についても他チームが抱えている課題や役割を認識することができ、チーム間の共感を高めることができるはずです。お互いを理解することが、DevSecOpsなど協業を成功するための文化醸成に最も効果があります。

SECTION-35
クラウドネイティブセキュリティを実現するリーダーシップ

ここまで、主にボトムアップアプローチによる現場の開発・運用・セキュリティチームによる文化醸成について記載してきました。社員数や各組織が大きくなるエンタープライズでは、信頼性とセキュリティを実現する組織文化の醸成やサイロ化された組織構造を変えていくのは、現場のメンバーだけでは難しいかもしれません。本章の最初にも記載したように、組織構造はサイロ化され、各組織が限られた予算・メンバーでそれぞれのミッションに取り組んでいるため、そこに追加して他の組織でのミッションを受けたり、そのための追加予算を確保するというのは厳しいという現実があります。信頼性とセキュリティの問題は、実装フェーズやインシデント対応においてもトレードオフとなる事項が多いため、俯瞰的な立場から誰かが決定する必要があります。

組織構造については、エンタープライズでは、SoRをベースとしたサイロ化された組織構造となっている状態となっているため、DevOpsやDevSecOps活動による組織やチーム間での協業を推進するためには、その上位の職掌である最高情報責任者（CIO）や最高情報セキュリティ責任者（CISO）のリーダーシップが不可欠となります。経営層からのトップダウンでの取り組みが多い欧米とは異なり、日本ではボトムアップによるアプローチをとる企業が多いですが、DevSecOpsのような組織横断的に役割や文化を変えるような取り組みには、現場の取り組みだけでなくトップダウンでのアプローチが必須と感じております。

プロジェクト計画時点では、投資対効果を算出しにくいセキュリティや信頼性の実装については、プロジェクトの初期フェーズからの対応を回避し、後工程で対処することを選択するケースが多いです。しかし、本番稼働しているシステムにおいては、信頼性とセキュリティは必須の機能となります。サービスがダウンしている場合や、セキュリティインシデントが発生した場合、ビジネスを失う可能性があります。

一度、本番稼働したシステムを改修する場合、大幅な設計変更が発生し非常に時間と工数がかかることがあり、プロジェクト全体で見たときに多大なコストとリスクが伴います。投資判断を行う役員層が、DevSecOpsやシフトレフトを考慮し、プロジェクトの初期フェーズから信頼性とセキュリティに関する計画・実装を推進することで、システムのライフサイクルでの総コストの削減が期待できます。

CIO/CISOは、企業におけるリスクマネジメントの一部としてセキュリティを扱い、DevSecOpsを推進するために必要となるガイドラインやポリシーの策定、投資判断、予算·人員の確保、組織間の役割や権限の見直しなどをリードします。

多くの企業がDX（デジタルトランスフォーメーション）実現に向けた取り組みを始めています。DXを推進していくとクラウドネイティブなテクノロジーの導入を検討することになります。クラウドネイティブなテクノロジーの導入にあわせて、これまで解説してきたようなセキュリティ対策を実装するとともに、効果を高めるためのプロセスや組織文化への移行を実施することが重要となります。現場のメンバーが自らオーナーシップを持ち、これらの施策を適切に実行していくためには現場レベルでの理解が必要不可欠ですが、経営層の賛同によるリーダーシップも必要不可欠です。

すべてのステークホルダーがセキュリティに対して責任を持ち、協業することを説明してきましたが、組織的な横連携だけでなく縦階層の連携・協業も推進します。DevSecOpsを成功させるためには、トップダウンとボトムアップの両方を実行してくことが必要です。

本章のまとめ

本章では、従来型システムに対応していた組織に対して、クラウドネイティブなシステムに対応できる組織や文化などの側面について説明しました。クラウドネイティブなシステムが従来型システムと大きく異なるのは、常に攻撃の対象となり得る点と、サービス、システムを取り巻く環境変化のスピードが早いという点です。セキュリティ対策のスピードが遅いとそれだけ攻撃されるリスクが高くなり、ビジネスリスクにも直結します。スピードを落とさず、そして工数をかけずに、継続的にセキュリティ対策をし続けていくことは、継続的なビジネス発展においてもより重要な要素となっています。

セキュリティ対策の新しい概念やツールを導入するだけでなく、継続的にセキュリティ対策を実施できる、体制やプロセスの導入が必須となり、そのような変化を実現するための組織文化が必要です。組織文化の転換を行うことで、セキュリティと信頼性の両方に継続的な対応を実現することができます。この分野については、エンタープライズにおいても検討や導入が始まったばかりであるため、今後、参考となるような事例などがでてくると思います。

世の中にまったく同じ組織は存在しないため、本章で紹介したプラクティスを自身のシステム特性や組織の文化に合わせて応用する必要があります。完璧に実践できるということはあり得ず、日々改善を進めていくことが重要です。セキュリティ技術者不足や、パブリッククラウドの進化、規制やコンプライアンス要件の変化、日々進化し続ける脅威と、課題は山積しています。対策の標準化やセキュリティツールを自動化機能に組み込むことや、小さく短期間で対応することで、DevSecOpsを推進することが可能になると考えています。

本章でご紹介したプラクティスをリファレンスとして、各組織においてセキュリティ対策が実装されたクラウドネイティブシステムの実装・運用を立ち上げて、ビジネス拡大に貢献できれば幸いです。

CHAPTER 07 プラットフォームのセキュリティ対策

本章の概要

本章では、クラウドネイティブコンピューティングを支えるクラウドや、Kubernetes、OpenShiftなどのプラットフォームのセキュリティ実装を解説しながら、適切なセキュリティ対策の考え方を説明します。

SECTION-36

クラウドネイティブセキュリティの4C

クラウドネイティブ環境のセキュリティを考える場合には、Kubernetesが提唱する**クラウドネイティブセキュリティの4C**で考えると各レイヤーの棲み分けなどの整理が容易となります。このクラウドネイティブセキュリティの4Cモデルでは、次の4つのレイヤーで整理を行っています。

◉クラウドネイティブの4Cモデル

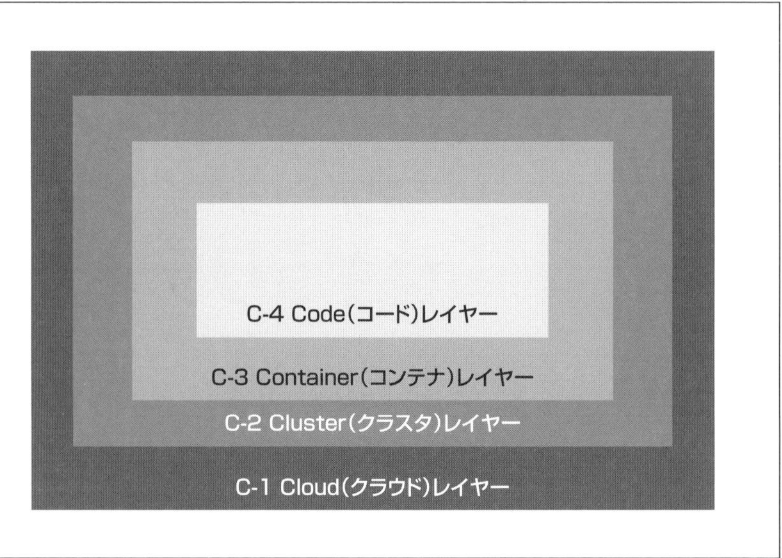

レイヤー	説明
C-1. Cloud(クラウド)レイヤー	オンプレミスの物理サーバーやCloudサービスプロバイダーが提供するIaaS・PaaS環境などを利用したハイブリッド・マルチクラウドの利用を想定したホストのレイヤー
C-2. Cluster(クラスター)レイヤー	KubernetesやOpenShiftなどのコンテナのオーケストレーションツールを利用したコンテナ
C-3. Container(コンテナ)レイヤー	Dockerなどにより構成されたマイクロサービスのレイヤー
C-4. Code(コード)レイヤー	コンテナ内に格納された独自アプリケーションのレイヤー

本章では、この4つのレイヤーの中で、従来型のセキュリティ対策と考え方の違いなどが生じる次の5つのポイントを中心に考え方の整理を行っていきます(コードレイヤーに関しては、従来型アプリケーション開発と大きな差異はないため、本章では解説は行いません)。

- 脆弱性管理
- 認証認可
- ネットワークのセグメンテーション
- 通信暗号化
- Security Automation

クラウドネイティブセキュリティ対策全体を考えた場合、これ以外の要素(例:攻撃検知・防御、鍵管理やデータ暗号化など)の対策要素も当然ながら求められますが、ここでは特にクラウドネイティブ環境特有の考え方などを中心に解説します。

SECTION-37

クラウドのセキュリティ

ここではパブリッククラウドのセキュリティ対策を見ていきます。

クラウドレイヤーにおける脆弱性管理

クラウドレイヤーにおける脆弱性管理に関しては、ホストのシステム管理主体が誰かにより考え方が異なります。オンプレ環境もしくは、パブリッククラウドのIaaS環境などを利用しているケースでは、Nodeとして利用するホストOSの脆弱性管理などはシステム管理者が実施する必要が生じますが、一方でPaaSなどのマネージドサービスを利用しているケースではホストOSの脆弱性管理はサービス提供主体であるクラウドサービスプロバイバーにより管理されることとなります。

一般的に脆弱性管理とは、OSやミドルウェアを含む各種ソフトウェアに存在する欠陥に関する情報を収集し、修正プログラムであるパッチを適用するセキュリティパッチマネージメントの意味合いが強いですが、本章では、誤った設定内容により本来意図しないシステムの動作やデータの漏洩などの原因となるコンプライアンスチェックも広義での脆弱性管理として取り扱い説明をしていきます。

クラウドレイヤーの形態別の管理主体の整理

クラウドの形態別にシステム管理者に求められる脆弱性管理の内容を表した図は次の通りです。

◉クラウドの提供形態別脆弱性管理主体

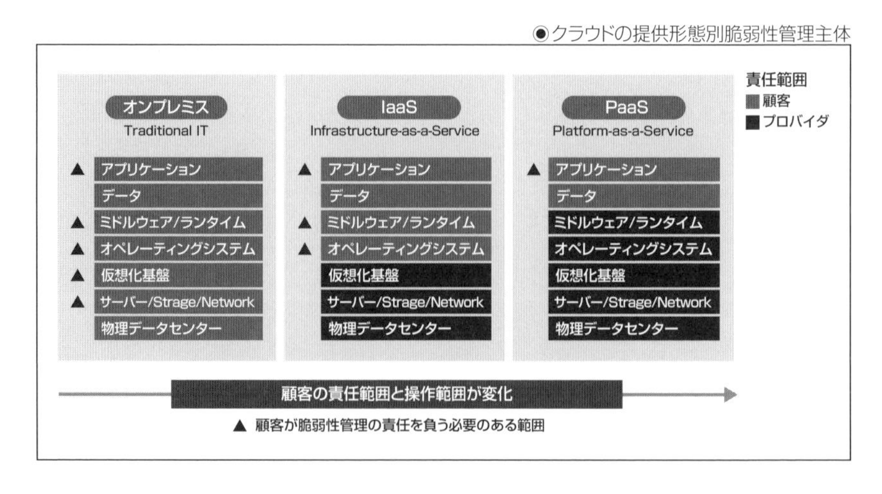

クラウドレイヤーにおけるセキュリティパッチ管理

クラウドレイヤーのセキュリティパッチ管理の手法としては、主に次のような管理形態が想定されます。

- クラウドサービスプロバイダーが提供する脆弱性管理機能の利用
- OSSや商用ソフトウェアとして提供される脆弱性管理ツールの利用
- クラウドネイティブ統合セキュリティ管理ツールの脆弱性管理機能の利用

◆クラウドサービスプロバイダーが提供する脆弱性管理機能の利用

まず、クラウドサービスプロバイダーが提供する脆弱性管理機能の利用に関しては、主要なクラウドサービスプロバイダーからさまざまな形態の管理サービスが提供されています。これらの多くは脆弱性管理だけではなく、後述のコンプライアンスチェックや状態変化・各コンポーネントの依存関係のモニタリングなどクラウド基盤全体のセキュリティレベルの可視化を意図して提供されているものが多く、セキュリティ対策を検討する上で非常に有効な選択肢の1つといえます。

下記の例は、AWSで提供されているAWS Inspectorの機能となります。単純な**CVE(共通脆弱性識別子)**ベースでの脆弱性の有無の判定だけではなく、各コンポーネントの依存関係の可視化、ベストプラクティスや各種業界基準などとのベンチマークなどの機能が統合的に提供されているサービスとなります。

◉Amazon Inspectorが提供する機能例

Amazon Inspector の機能

以下は Amazon Inspector の主な特徴です。

- **設定スキャンおよびアクティビティモニタリングエンジン** – Amazon Inspector はエンジン分析システムおよびリソース設定を提供します。また、アクティビティをモニタリングして、評価ターゲットの状態、動作、および依存コンポーネントを判断します。このテレメトリの組み合わせにより、ターゲットとその潜在的なセキュリティまたはコンプライアンスの問題の全体像が得られます。
- **組み込みコンテンツライブラリ** – Amazon Inspector には、ルールやレポートの組み込みライブラリがあります。これらには、ベストプラクティス、一般的なコンプライアンス基準や、脆弱性の点検が含まれます。この点検には、潜在的なセキュリティ上の問題を解決するための詳細な推奨ステップが含まれます。
- **API を介した自動化** – Amazon Inspector は API を介して完全に自動化できます。これにより、開発プロセスと設計プロセスにセキュリティ テストを組み込めるようになります。セキュリティテストには、テスト結果の選択、実行、レポートが含まれます。

※出典:「https://docs.aws.amazon.com/ja_jp/inspector/latest/userguide/inspector_introduction.html」より抜粋

ただし、ハイブリッドクラウドやマルチクラウドなど会社や組織全体の脆弱性の可視化を考えた場合には、セキュリティ全体運用の中にこれらのサービスから出力される脆弱性の検出結果などをどのように取り込んでいくのか、将来的な全体運用を見据えながらクラウドネイティブ環境の対策方針などを策定することが重要となります。

◆ OSSや商用ソフトウェアとして提供される脆弱性管理ツールの利用

OSSや商用ソフトウェアとして提供されている脆弱性管理ツールの利用のケースですが、この管理手法は従来のオンプレ環境での脆弱性管理などで多く用いられているモデルとなります。代表的なツールとしては、Tenable社が提供しているNessusやQualys社が提供しているQualys Guardなどが国内市場で利用されている代表的なツールとして認知されています。

これらのツールは、検査パケットの送信と検査対象OSなどの応答内容から脆弱性の有無を判定するネットワークスキャン方式やOSに専用エージェントを導入する形態など、さまざまな検査方式が提供されているため、ハイブリッド・マルチクラウド環境おける全社的な統合管理という観点では有効なアプローチの1つとなり得ます。

すでに、このようなツールを利用している場合には、クラウドネイティブ環境にもこれらのツールを適用することで全社的な脆弱性管理レベルの可視化が可能となります。最近では、**CSPM(Cloud Security Posture Management)**と呼ばれるクラウド基盤の状態監視に特化した製品なども登場しており、同様に脆弱性の管理機能などが提供されています。

●Tenableを使ったクラウド環境の検査

※出典:「https://jp.tenable.com/solutions/cloud-security」より抜粋

◆クラウドネイティブ統合セキュリティ管理ツールの脆弱性管理機能の利用

その他には、クラウドネイティブ統合セキュリティ管理ツールの脆弱性管理機能を利用するというアプローチも存在します。クラウドネイティブ統合セキュリティ管理ツールとは、クラウドネイティブ環境に特化して、脆弱性やコンプライアンスのチェックや強制、攻撃の検知・防御、通信内容の可視化や制御など複数のセキュリティ対策機能をワンストップで提供している統合型の対策製品となります。これらの製品は、**CWPP(Cloud Workload Protection PLatform)**と呼ばれるクラウドネイティブ環境の保護機能や、前述のCSPMと呼ばれるクラウド環境の体勢管理機能などを包括的に提供するものです。

国内市場で実際に導入されている商用ツールとしては、Paloalto Networks社が提供しているPrisma CloudやAqua Security社が提供しているAqua Platform、Sysdig社が提供するSysdig Paltformなどが代表的なソリューションであり、すでに一部の大手企業やIT企業などで導入が進められています。

このようなクラウドネイティブ統合セキュリティ管理ツールは、脆弱性管理機能だけではなくクラウドネイティブ環境の開発・運用で求めらるDevOpsのライフサイクルをトータルにサポートしてくれるツールであり、開発思想は前述のクラウドサービスプロバイダーが提供する統合型のセキュリティ管理サービスに近い思想で開発されています。

下記はPaloAlto Networks社のPrisma Cloudが提供している機能の例となります。前述の通り、脆弱性管理やコンプライアンスチェックの機能だけではなく、機械学習モデルを応用したランタイム保護機能やL4/L7でのファイアウォール機能などが提供されており、クラウドネイティブ環境のセキュリティを広範囲でカバー可能な統合セキュリティ管理機能が提供されています。

◉Paloalto Networks Prisma Cloudの機能例

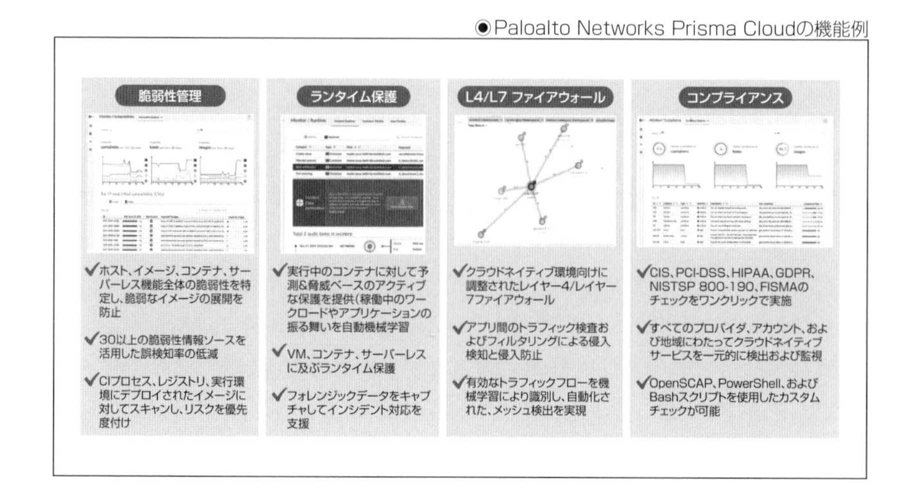

このようなクラウドネイティブ統合セキュリティ管理ツールを利用するメリットとしては、管理対象の基盤がハイブリッド・マルチクラウドで分散している場合にクラウドサービスプロバイダーのサービスを利用するケースでは、異なるUIや動作特性などを理解する必要があります。一方でクラウドネイティブ統合セキュリティツールを利用する場合には1つのUIからすべての基盤が管理可能なため、全社的なセキュリティオペレーションの標準化という観点から非常に有効なアプローチの1つと考えられます。

また、最近はゼロトラストセキュリティアーキテクチャなどが注目されており、動的なリスクスコアに応じた自動制御の仕組みが今後検討されるケースが増加していくと考えられます。このようなケースにおいても、ハイブリッド・マルチクラウド環境において前述のクラウドネイティブ統合セキュリティ管理ツールを横断的に活用することで、リスク判定基準の平準化などのメリットが享受できると考えられます。

クラウドレイヤーにおけるコンプライアンスチェック

クラウドサービスなどを利用するケースでは、各サービスプロバイダーよりセキュリティに関する推奨設定などのガイドがされています。それらを参考にしながら**CIS(Center for Intrernet Security)**や**NIST(National Institute of Standards and Technology)**などの公的団体が提供しているチェックリストなども活用して、設定の妥当性を継続的に検証するというアプローチが必要となります。

下記は2021年3月現在CISがベンチマークを提供しているクラウドプラットフォームの一覧となります。各クラウドプロバイダーごとに、ベンチマークの項目や情報の自動収集の可否などの状況は異なるので、実際に利用しているクラウドサービスプロバイダーごとのベンチマークをダウンロードして内容の確認をすることを推奨します。

●CIS Benchmarkの対象クラウドプラットフォーム

Cloud Providers	**Alibaba Cloud** Expand to see related content	Download CIS Benchmark →
Cloud Providers	**Amazon Web Services** Expand to see related content	Download CIS Benchmark →
Cloud Providers	**Google Cloud Computing Platform** Expand to see related content	Download CIS Benchmark →
Cloud Providers	**Google Workspace** Expand to see related content	Download CIS Benchmark →
Cloud Providers	**IBM Cloud Foundations** Expand to see related content	Download CIS Benchmark →
Cloud Providers	**Microsoft Azure** Expand to see related content	Download CIS Benchmark →
Cloud Providers	**Oracle Cloud Infrastructure** Expand to see related content	Download CIS Benchmark →

※出典:「https://www.cisecurity.org/cis-benchmarks/」より抜粋

下記の内容は実際に2021年3月現在、AWS環境において推奨されているコンプライアンスチェック項目のサンプルとなります。

◉ AWSを対象としたチェック項目の例

※出典:「https://www.cisecurity.org/cis-benchmarks/」より抜粋

上記のサンプルの中で、「Automated」と記載されている内容は、APIやSDK、その他コンソールなどで情報を収集可能な情報となっています。一方で、「Manual」と記載されている内容は自動的には情報の収集が難しく目視などで別途設定内容の確認などが必要となる項目となるため、注意が必要となります。

なお、これらの具体的なチェック方法は、基本的に前述のセキュリティパッチ管理同様に次の3点が主な方法として考えられます。

- クラウドサービスプロバイダーが提供する脆弱性管理機能の利用
- OSSや商用ソフトウェアとして提供される脆弱性管理ツールの利用
- クラウドネイティブ統合セキュリティ管理ツールの脆弱性管理機能の利用

ただし、注意が必要なのは、前述の脆弱性管理における顧客の守備範囲とコンプライアンスチェックにおける守備範囲は必ずしもイコールではないという点です。

この3つのアプローチの中で、どの方法が最適かは利用しているシステム基盤の形態や組織としての全体的な管理・可視化の必要性、DevOpsなどのオペレーションとの親和性など、それぞれの企業や団体で重視すべき観点が異なると考えられるため、どの方法がベストかを一概に定義することは難しく、個々の組織や企業の状況・将来的な構想をベースに検討を行う必要があります。クラウド基盤の利用拡大などに合わせて、中長期的なロードマップなどを策定し、段階的にツールの導入・拡張を行う、オペレーションの最適化を図るなどの検討が必要となります。

クラウドレイヤーにおける認証認可の制御

クラウドレイヤーでの認証認可に関しては、基本的に従来型のオンプレミスでのサーバー運用と大きな違いはなく、必要最小限の権限を必要なユーザーに対して付与するという考え方となります。ただし、パブリッククラウド上で基盤を運用するケースではユーザーに対する権限付与をクラウドベンダーが提供するWeb UIやAPIインターフェースなどから設定を行うことになるため、これらのインターフェースに対するアクセス制御を厳密に実施する必要が生じます。

また、クラウド基盤上で複数の異なるコンポーネントを利用するケースでは、ユーザーやグループ単位で特定のコンポーネントにのみアクセスを制限するなどの制御も利用可能となります。

クラウドレイヤーにおけるネットワークのセグメンテーションの考え方

クラウドというレイヤーで考えた場合、クラウドネイティブ環境でもネットワークレベルでのセグメンテーションの考え方に大きな差異はありません。ただし、クラウドネイティブ環境においては、後述のKubernetesのコンポーネント間通信を制御するためにサービスメッシュの概念が用いられる点は、従来型のネットワーク管理の概念と大きく異なる点といえます。

本章では、まずクラウドレイヤーの通信制御の基本的な概念を整理します。通常ネットワークレベルでのゾーニングの意味合いとしては、ルーターやスイッチなどのネットワーク機器の機能を使ってネットワークをリスクレベルに応じたゾーンに分離する、もしくは同一サブネット下に配置されたノードを利用用途などに応じてVLANなどの技術を使ってセグメンテーションし分割することを意味します。

ここではもう少し広義のセグメンテーションも含めて、次の4つのモデルで考えていきます。

- 異なる物理ロケーション(データセンター)を用いたシステム分離
- 異なるゾーン間の通信制御(ファイアウォールなどを用いた境界防御)
- 同一ネットワーク内での分割(VLANなどによるネットワーク分割)
- ホストレベルでのACLによる制御(OSネイティブファイアウォール機能やマイクロサービスによる制御)

下記の概念図は、上記の4つの概念を整理するために簡略化したモデルとなります。

●クラウド環境におけるゾーニングの概念図

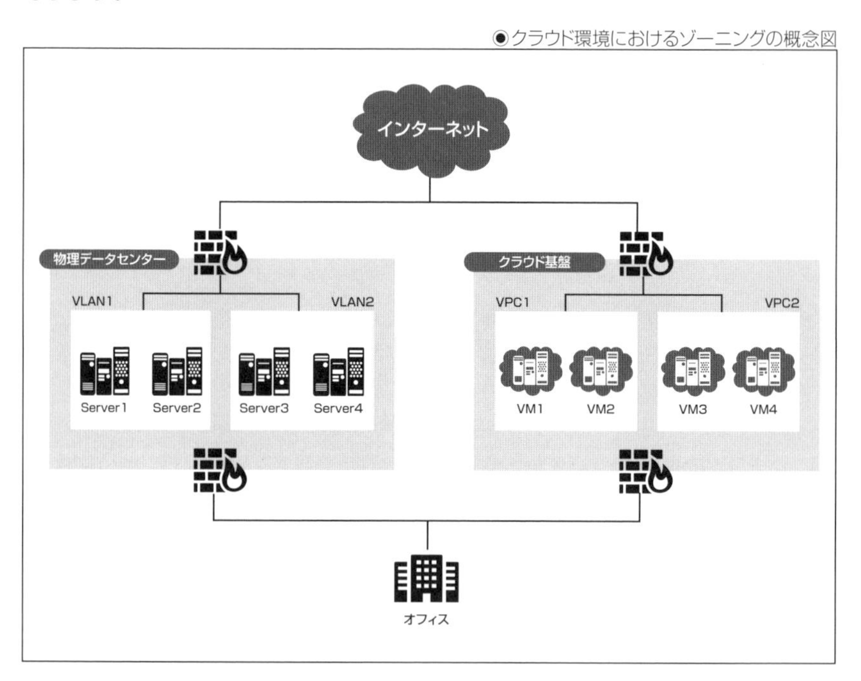

◆異なる物理ロケーション(データセンター)を用いたシステム分離

異なる物理ロケーションの利用は、サイバーセキュリティ対策という側面よりも通常災害対策などを目的としたシステム分散などに用いられる手法です。ただし、対外向けのB2BやB2Cサイトと社内からインターネットに抜けるアウトバウンド通信などを通信用途やシステムの性質に応じて分離させるなど、昨今でも多く用いられています。

◆異なるゾーン間の通信制御

主にファイアウォールなどを用いた境界防御ですが、インターネットとDMZや情報系ネットワークと業務系ネットワークなどの異なるゾーン間においてインバウンド・アウトバウンドのそれぞれでIPアドレス・ポート単位で予め許可する通信を定義する手法となります。アタックサーフェス（攻撃対象領域）を最小化するという意味では今でも非常に重要な対策ではありますが、インターネットから公開サーバーなどに対する攻撃の多くが、ファイアウォールにより許可された通信プロトコルで行われているため、この対策モデルだけで制御を行うことは難しいという現状があります。

◆同一ネットワーク内での分割

同一ネットワーク内での分割に関しては、同一の物理スイッチなどに接続されているノードをスイッチのVLAN制御やACL制御により仮想的に分離する、もしくはクラウド基盤において同一リージョン・AZ内のネットワークをVPCなどを用いてサブネットに分割するという考え方となります。このようなセグメンテーションを行うことで万が一特定ノードに外部から侵入された場合でも、ノード間のラテラルムーブメント（横渡り）が困難となり被害の極小化が期待できるため、データの重要性などに応じてネットワークを分割することが推奨されます。

これまでも金融機関などではある程度、同一ネットワーク内での分割の対策などが併用されていましたが、製造業などではあまり厳密なセグメンテーションが実施されていないケースなどが多く、ランサムウェアなどがネットワークに侵入した場合に一度に大量のサーバーが被害に合うなどのセキュリティインシデントが実際に発生しているケースが多々見受けられます。

◆ホストレベルでのACLによる制御

ホストレベルでのACL制御ですが、これはホストOSネイティブのクライアントファイアウォール(例:Windows FirewallやLinuxのIP tableなど)の機能などを用いてホスト単位で制御を行うというモデルとなります。この対策手法は社外からの侵入者に対する**ラテラルムーブメント(横渡り)**の抑止、内部犯行によるデータの持ち出し抑止、ワーム・ランサムウェアなどの拡散抑止という観点からも最も有効な対策の1つと考えられますが、従来はポリシーのメンテナンスにかかる運用の困難さや各OSやミドルウェア、アプリなどの通信内容の把握などのスキル的な敷居の高さがあり、このような対策を国内において全社的に実施している企業はごく少数でした。

ただし、近年では機械学習を用いた通信フローの可視化技術などが発達したこともあり、従来よりもホストレベルでのACL制御実施の敷居が低くなりつつあります。また、2020年にリリースされた『**NIST SP800-207 ゼロトラストアーキテクチャ**』のガイドの中でもゼロトラストを構成する具体的な実装例の1つとしてマイクロセグメンテーションがガイドされていることもあり、今後、国内においてもホストレベルでのACL制御の併用などが増加すると考えられます。

クラウドレイヤーにおける通信暗号化

クラウドレイヤーでの通信暗号化に関しては、クラウドネイティブ環境に関して従来型対策と特段の差異はありません。通信暗号化に関しては、後述のクラスター・コンテナレイヤーでの通信暗号化の中で掘り下げていきます。

クラウドレイヤーにおけるSecurity Automationの考え方

クラウドレイヤーにおけるSecurity Automation(セキュリティ運用の自動化)に関しては、各OSベンダーから提供されている自動化ソリューションや各クラウドサービスプロバイダーが提供しているサービスなどの利用が選択肢となります。

OSベンダーが提供している自動化ソリューションの一例として、Red Hat社からはRed Hat Ansible Automation Platformが提供されており、ITインフラ構築・運用の自動化だけではなく、**SOAR(Security Orchestration And Automated Response)**としてセキュリティイベント発生時の対応自動化などに活用されています。

●Red Hat Ansibleの画面イメージ

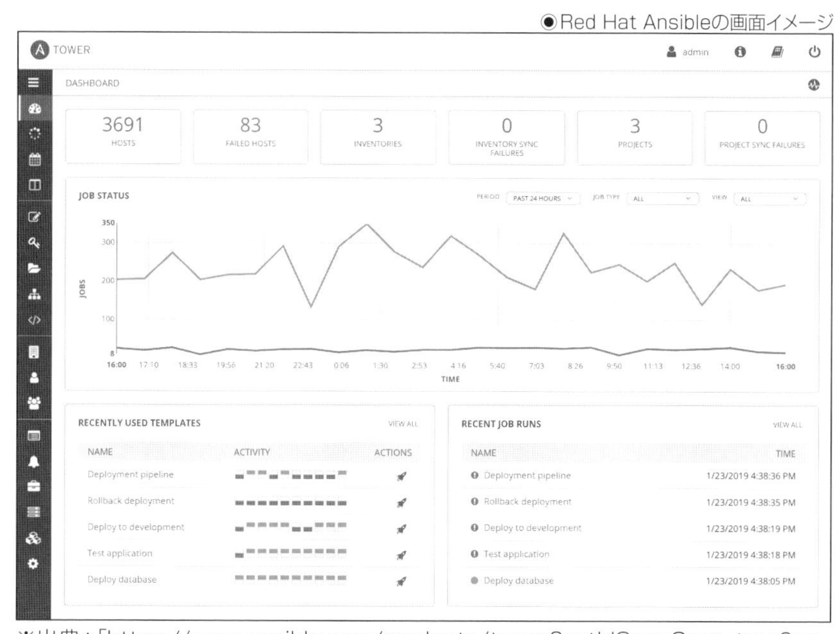

※出典：「https://www.ansible.com/products/tower?extIdCarryOver=true&sc_cid=701f2000001OH6fAAG」より抜粋

セキュリティ管理の観点から考えるITインフラ構築・運用の自動化のメリットですが、パッチ適用業務の自動化による脆弱性に対する攻撃のリスク軽減、あらかじめ定義された**Play Book**の内容に従って設定内容の自動投入が行われることによる設定ミスの回避などのメリットが挙げられます。

特にクラウドネイティブ環境においては、**IaC（Infrastructure as Code）**や**宣言型API**、**イミュータブルインフラストラクチャ（Immutable Infrastructure）**などの自動化の概念が取り込まれているため、従来型の基盤と比較してもこの自動化との親和性はより高いといえます。

また、セキュリティイベント発生時の対応自動化に関しても、クラウドネイティブ環境においては、DevOpsの概念が導入されています。このCI/CDパイプラインの中で行われる開発・運用のサイクルに、どのようにセキュリティ専門家の知見を組み込むのか、開発・運用部門とセキュリティ専門部門がどの様に共存していくのかを考える必要が生じています。

このような観点では、SOAR(Security Orchestration And Automated Response)の中にあらかじめセキュリティ専門部門などが定義した標準対応手順をタスク化して組み込むことにより、対応工数の軽減や対応品質の平準化、インシデント対応内容の可視化などのメリットを享受することが可能となります。

◉クラウドネイティブ環境におけるセキュリティ運用自動化のメリット

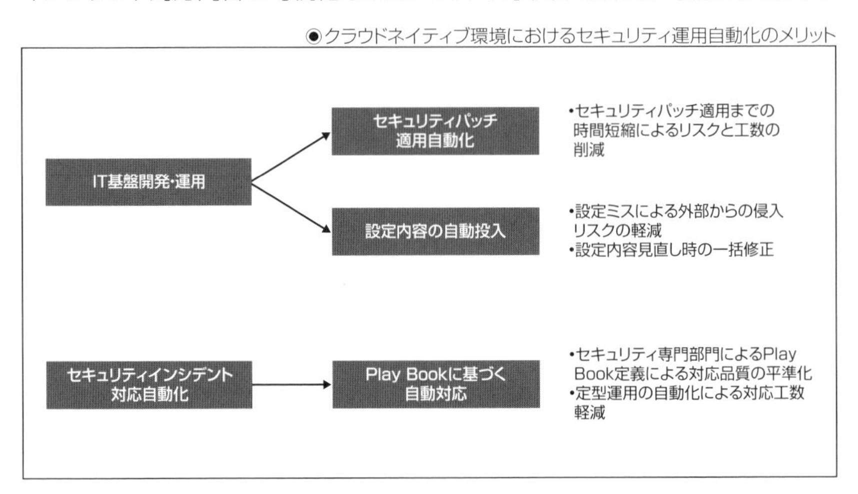

また、このSOARのソリューションに関しては、各セキュリティソフトウェアベンダーからもさまざまなSOAR専用ソリューションなどが提供されています。国内で導入されている主なソリューションとしては、Splunk社のPhantomやIBM社のIBM Security SOAR Platformなどが挙げられます。

このようなSOAR専用製品では、Play Bookとして定義されるケースマネージメントのシナリオとしてさまざまな法制度などのレギュレーションに対応したテンプレートなどがあらかじめ用意されており、また、外部の**Threat Intelligence(脅威情報)**との自動照合によりリスクレベルの計測を行う機能などが提供されています。

同様に、各クラウドサービスプロバイダーも自動化のための仕組みを提供しています。AWSの例を上げると、AWS Security Hubというセキュリティアラートや基盤の状態などを包括的に可視化可能なサービスが提供されています。このAWS Security HubはAWS Guard DutyやAmazon Detective、Amazon Inspectorなどのセキュリティサービスの情報を集約し、継続的にモニタリング可能な機能を提供しています。

また、上記のモニタリングの中で特定のイベントの発生時や閾値を超えるトラフィックなどを検出した場合には、サーバーレスコンピューティング環境であるAWS Lamdaを通じて特定の命令を自動実行するなどの構成が可能であり、セキュリティ運用者が行っている定型化可能な業務などの自動化が可能となります。

●AWS Security Hubの機能概要

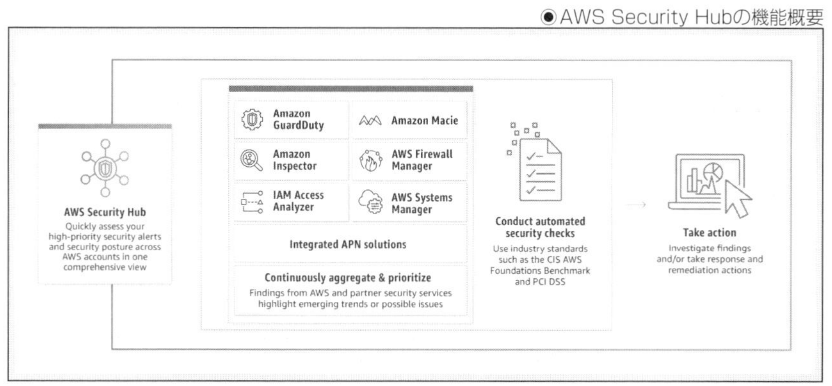

※出典:「https://aws.amazon.com/jp/security-hub/?aws-security-hub-blogs.sort-by=item.additionalFields.createdDate&aws-security-hub-blogs.sort-order=desc」より抜粋

これらさまざまな自動化の仕組みは、自組織・自社での導入状況や今後の組織横断での管理方針などを考慮して一本化していく、もしくは共用していくなどを検討することをおすすめします。

SECTION-38

クラスターのセキュリティ

前章では、クラウドレイヤーのセキュリティの考え方に関して説明を行ってきました。本章ではクラスターレイヤーのセキュリティを中心に説明を行います。

クラスターレイヤーにおける脆弱性管理

クラスター管理の中核となるKubermetesも他のOSS同様に脆弱性は存在するため、常に最新のパッチリリース状況を確認して、最新のバージョンへの追従を行う必要があります。特にKubernetesの場合には、**セマンティックバージョニング**を採用しているため、マイナーバージョンのリリースから12カ月(2021年3月現在)でセキュリティパッチのリリース対象外となるため、バージョンアップの計画を行う必要があります。

クラスターレイヤーにおける認証認可

KubernetesはAPI Server(api server)と呼ばれるコンポーネントに対してHTTP/HTTPSのリクエストを送信することでクラスターに対する設定や操作を実施するという考え方になっており、APIサーバーへのリスエスト内容の評価および検査はセキュリティ対策上、非常に重要な対策の1つといえます。

KubernetesのAPIサーバーに対するリクエストの認証認可は、次の3つのフェーズでの防御機能が提供されています。

- 認証(Authentication)
- 認可(Authorizetion)
- 受付制御(Admmision Control)

◉Kubernetesの認証・認可処理概要

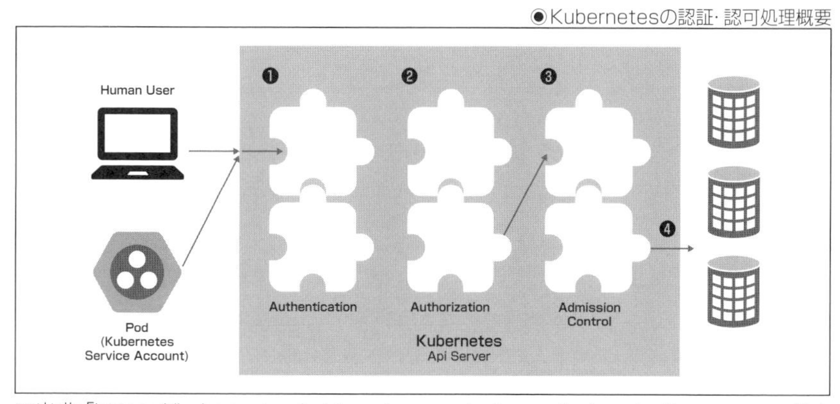

※出典:「https://kubernetes.io/docs/concepts/security/controlling-access/」より抜粋

◆ 認証(Authentication)

認証(Authentication)のフェーズでは、まずリクエストを送信したユーザーが適切なユーザーかの評価が実施されます。下記の図は、Kubernetesが提供している認証方式と認証プラグインの対応表となります。通常は、**Service Accountトークン**を使った認証が用いられるケースが多いですが、その他の認証方式との組み合わせで認証強度を上げることが推奨されています。この辺りは、利用しているクラウド基盤の推奨方式などと組み合わせて検討する必要があります。

◉Kubernetesの認証方式と認証モジュールの対応表

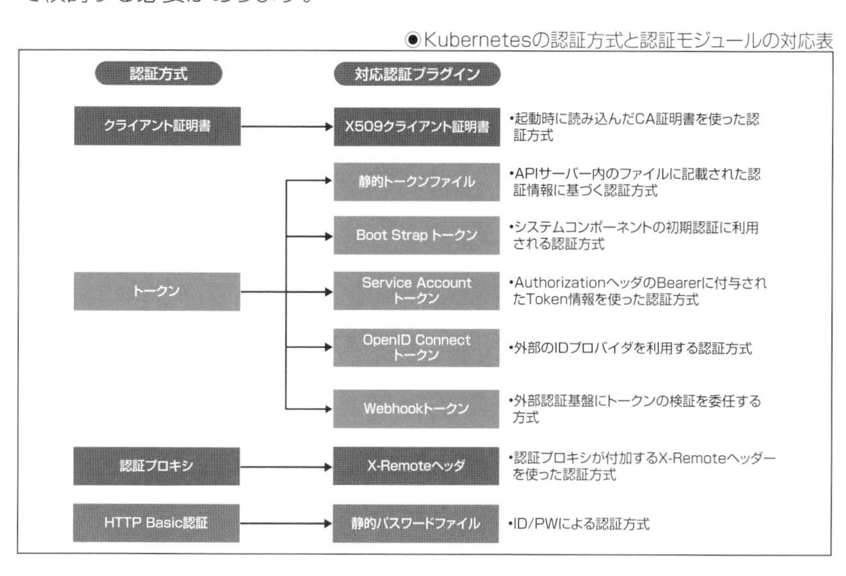

◆認可 (Authorizetion)

認可フェーズでは、リクエストされたリソースに対してユーザーが操作権限を有しているかの評価が実施されます。Kubernetes Ver1.8以降は**RBAC(Role Based Access Control)**方式がデフォルトで有効化されており、**ABAC(Attribute Based Access Control)**は非推奨という扱いになっています。したがって、ユーザーに対する操作の認可が可能なモジュールは、実質RBACもしくはWebhookのいずれかということになります。すでに全社的な認証・認可の統合基盤などが存在している場合にはWebhookで認可の委任を行い、存在しないケースではRBACを利用するのが現実的であると考えられます。

●認証モジュール一覧

認証モジュール	概要
Node	各クラスターノード上のkubeletでスケジュールされたリクエストのみを認可するモジュール
ABAC	「Attribute-Based Access Control」の略称。ユーザーやユーザーの属性ごとに許可するリクエストを定義するポリシーファイルを作成し、制御する方式
RBAC	「Role-Based Access Control」の略称。ロールベースのアクセスコントロールによる動的な制御方式。あらかじめロールやそのロールに許可する操作内容、捜査範囲などを定義してユーザーと動的に紐付けを行う
Webhook	Webhookを利用して外部サービスに問い合わせを行い、その結果により制御を行う方式
AlwaysDeny	すべてのリクエストを拒否する(テスト用モジュール)
AlwaysAllow	すべてのリクエストを許可する(テスト用モジュール)

下図は、RBAC認証方式を利用する場合の認可の考え方の概念を表しています。ユーザー、グループ、サービスアカウントといった各種認証要求主体は、**Role Binding**により2種類のロールとの紐付け処理が行われます。このロールには、**Role**と**Cluster Role**の2種類が用意されており、「Role」に紐付けがされると特定のName Speaceの操作のみが許可されます。一方で、「Cluster Role」に対しては、クラスター全体の操作が許可されます。

「Role」は基本的に情報の参照リクエストのみが許可されていますが、「Cluster Role」は参照以外のすべてのリクエストを割り当て可能となります。

なお、Kubernetesでは4種類の汎用ロールがデフォルトで組み込まれており、それらを利用する、もしくは独自のロールを定義する場合でも汎用ロールの権限設定内容などを参考にてロールの定義を行うことを推奨します。

●RBACにおける各リソースの相関関係

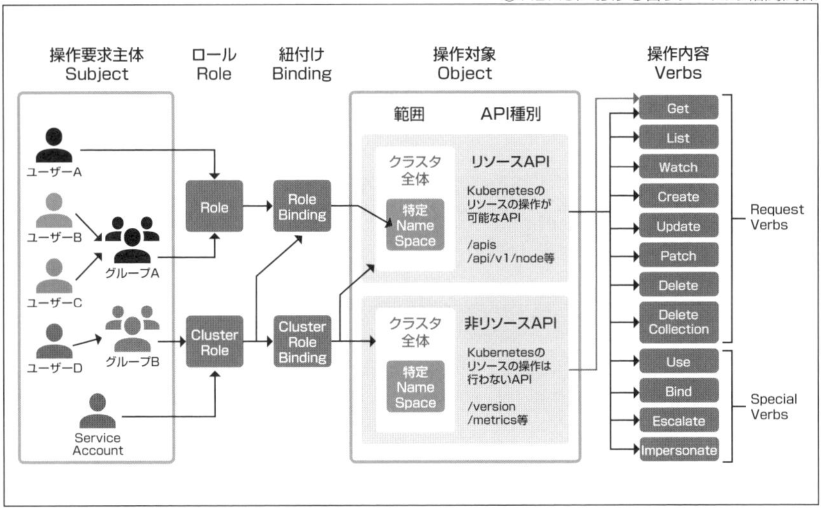

◆受付制御(Admmision Control)

認可フェーズでのユーザーに対する操作権限の評価をパスすると、最後に**受付制御(Admission Control)**によるリクエスト内容の検証やポリシーベースでのリクエストソースや関連ソースの変更などが実施されます。このAdmission Controllerは**組み込みプラグイン**とWebhookによる外部プラグインの2種類が利用可能です。個々のプラグインに関する説明はここでは省略しますが、大量リクエストによるクラスター全体への影響排除や、ポッドの作成の元となるイメージの安全性を評価などを動的に実施するなどが可能となります。

クラスターレイヤーにおけるネットワークのセグメンテーション

Kubernetesのデフォルト設定状態では、同一Node上のPodは無条件にすべてのPodに対する通信が許可されてしまうため、通信の制御を行うことは非常に重要です。ここでは、ネットワークレベルの制御の考え方を整理していきます。

数は、Kubernetes環境で利用可能な代表的なネットワーク制御の方法を記載しています。

●Kubernetes環境でのネットワーク制御

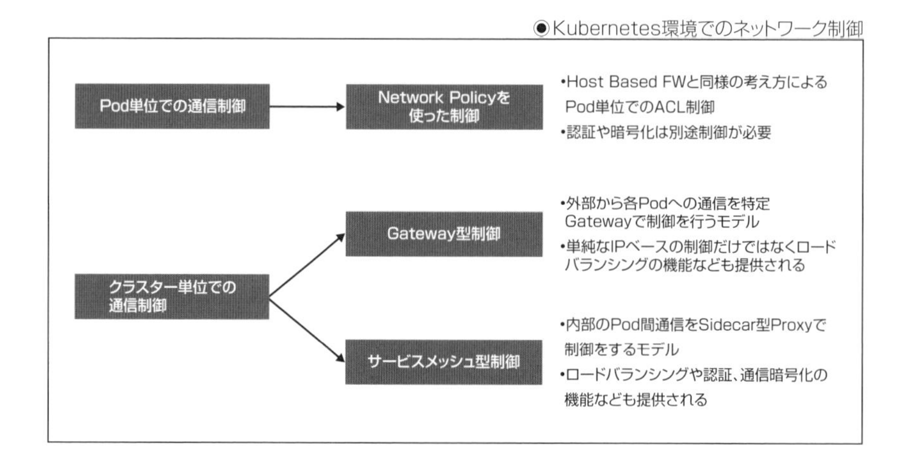

まず、Pod単位での通信制御ですが、上図に記載しているNetwork Policyを使った制御方式は従来型のOSネイティブのFirewall機能を使った制御方式と同様のモデルとなります。KubernetesではこのNetwork Policyが定義されていない場合、デフォルト設定では同一ノード上のすべての通信が許可されているので、注意が必要となります。Network Policyを定義することで異なるセキュリティレベルのPodをネットワーク上で分離することが可能となります。

次に、クラスター全体のGateway型の制御ですが、こちらは従来のFirewallやLoad Blancerの機能を提供しているものと考えるとイメージしやすいと思われます。外部から内部、内部から外部などの通信は、このGatewayを通じて行われ、その際にあらかじめ定義された制御が行われるという考え方になります。

最後に、サービスメッシュ型制御ですが、これは主にクラスター内部のPod間通信の制御に利用される方式であり、**Sidecar型のProxy**を各Podに組み合わせて、内部のメッシュ通信の制御を行うという考え方になります。

マイクロサービスの世界ではコンテナの数が増加すれば増加するほど、Pod間の通信制御は複雑になっていきます。

これではアプリケーションの関係性を疎結合にしてアプリケーション開発の高速化を実現するという本来マイクロサービスが掲げているコンセプトとは矛盾が生じるため、EnvoyなどのSidecar型のProxyを利用して、それらの管理を一元化することで管理工数の軽減やクラウドネイティブで求められるセキュリティ管理(ログ管理、負荷分散、認証・認可、通信暗号化管理、カナリアリリース、通信レートコントロールなど)の実現を図ろうというのがこのサービスメッシュ型制御の考え方となります。

このサービスメッシュ型制御の代表的なソリューションとしてはOSSで提供されている**Istio**となります。

下図は、Istionの制御の概念および主要なコンポーネントのイメージとなります。

●Istioの概念

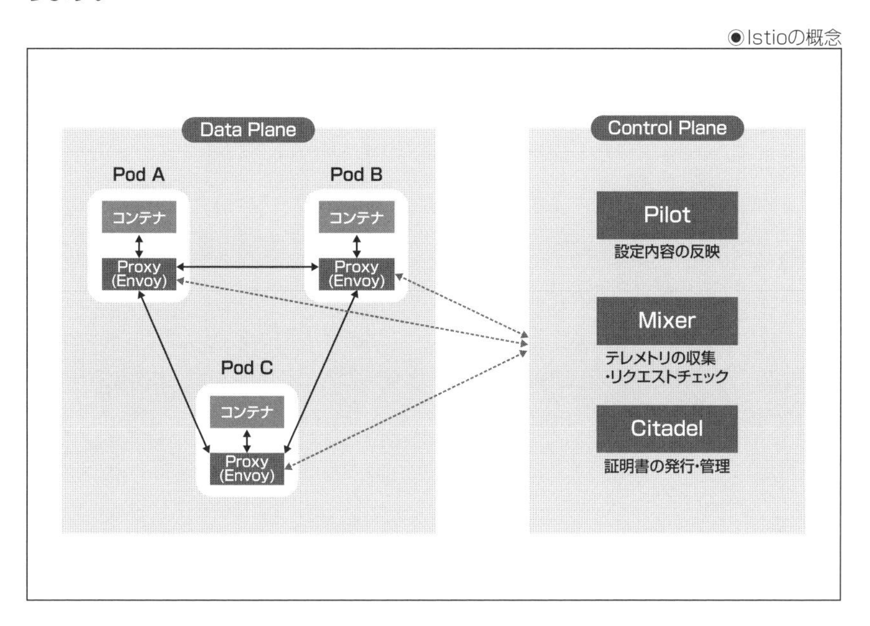

これら3つの制御方式はいずれかの制御方式のみを利用するという考え方ではなく、実際の設計の中でシステムの特性やデータの機密性などを考慮しながら併用をすることになります。

クラスターレイヤーにおける暗号化

Kubernetesではアプリケーションが機密情報(API Keyやパスワードなど)を直接、コンテナ内にハードコーディングせずにセキュアに扱うための**Secret**と呼ばれるリソースが提供されています。ただし、このSecretに格納される情報は**BASE64**でエンコードされているだけの状態なので、このSecretの領域にアクセスされると機密情報の元データへの復元が可能となってしまいます。したがって、このSecretの領域には必要最小限のリソースのみにアクセスが許可されるような設計が重要となります。また、万が一外部からシステムに侵入された場合を想定すると、機密情報の暗号化などを併用することが推奨されます。Kubernetesではリソースの暗号化のための各種プロバイダーが提供されていますが、それらの多くは暗号鍵が同一クラスター上に保管されているため、外部からの侵入時に暗号が解読されてしまうリスクが高いと考えられます。したがって、暗号化を検討する場合には**KMS Plugin Provider**を利用して暗号鍵を外部のセキュアな環境に保管することが推奨されます。

このKMSに関しては、各クラウドサービスプロバイダーがさまざまなサービスなどを提供しているので、Public Cloudの環境などに基盤を構築する場合には、クラウドサービスプロバイダーが利用する鍵管理サービスなどを利用することが推奨されます。また、オンプレミスの環境などに基盤を構築する場合には、**HSM(ハードウェアセキュリティモジュール)**などを利用して鍵管理を行うことなどが有効な対策となります。

クラスターレイヤーにおけるSecurity Automation

Kubernetesを含めたクラウドネイティブ環境そのものが運用の自動化を念頭に設計・開発されているモデルのため、セキュリティ対策もこの自動化の流れにどのように組み込んでいくのかが設計上の重要なポイントとなります。クラスターの認証・認可の中で説明したAddmition Controlの中でもWebhookを使った外部システムでのリクエスト内容の検証などの仕組みが提供されているので、このような仕組みを利用して検査の自動化などが検討可能です。

また、本章の中でも紹介したクラウドネイティブ統合セキュリティ管理ツールなどは機械学習のモデルを利用してリクエスト内容の処理によるプロセス実行後の挙動変化の検知や過去の通信内容との差異検知の機能などが提供されております。このようなツールを利用することで従来型のモノシリックなシステムと比較してシステムへの変更サイクルが短い環境に柔軟に対応することが可能となり、また、ルールなどをセキュリティ管理者が書き足し続けなくても異常を検知することが可能になるなどのメリットがあると考えられます。

SECTION-39

コンテナのセキュリティ

これまでは、クラウドレイヤー、クラスターレイヤーのセキュリティの考え方を解説してきましたが、ここからはコンテナレイヤーのセキュリティに関して考えていきます。コンテナそのものの考え方はこれまで本章以外でも解説をしてきましたが、本章ではコンテナ環境の特性を理解した上でセキュリティ対策上重要な観点を考えていきます。

コンテナレイヤーにおける脆弱性管理

コンテナ環境における脆弱性はコンテナイメージ内のさまざまなコンポーネントで発生する可能性があります。下図は、コンテナイメージ内で発生する主な脆弱性のイメージを表しています。

◉コンテナイメージにおける脆弱性の概念

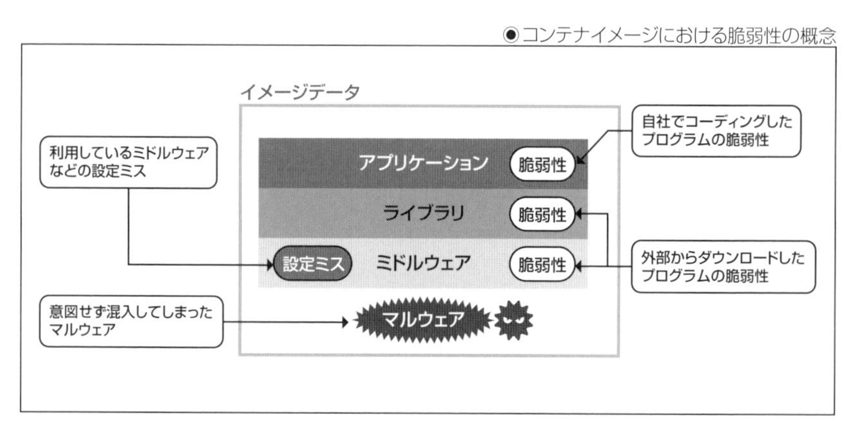

脆弱性に関しては、主に**自社・自組織で開発したアプリケーションのコーディングミスにより発生する脆弱性**と**コンテナ内に取り込んだミドルウェアやそれらに関連するライブラリで検出される脆弱性**の大きく分けて2種類の脆弱性の管理が必要となります。

また、ミドルウェアやライブラリなどを外部サイトなどから取り込む際にマルウェアなどが混入していないかについても注意が必要となります。

その他、クラウドレイヤー、クラスターレイヤー同様にコンテナ内で利用しているミドルウェアなどの不適切な設定内容により、外部からの攻撃や意図しないアクセスなどが発生してしまうケースが考えられるので、設定内容の確認などのコンプライアンスチェックが必須となります。

◉NIST SP800-190におけるCU/CDの概念図

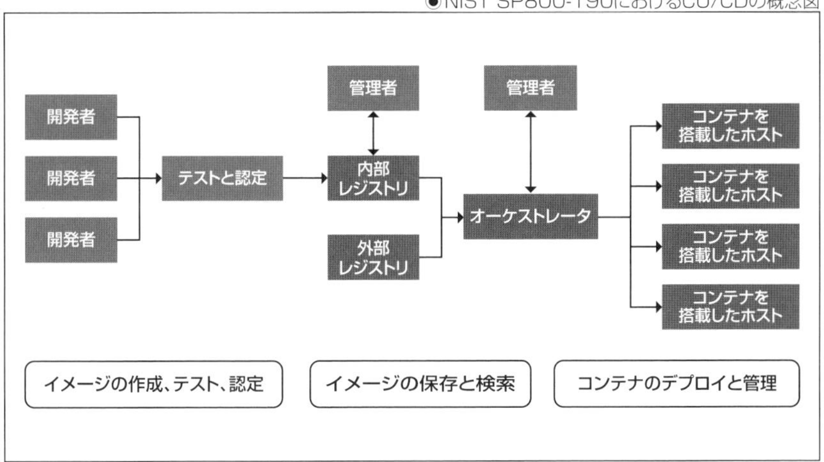

※出典:「NIST SP800-190 アプリケーションセキュリティコンテナガイド」より抜粋

上図は、**『NIST SP800-190 アプリケーションセキュリティコンテナガイド』**の中で使われている**CI/CD**の概念図となります。開発からテスト、デプロイ、運用の一連の流れを自動化していくDevOpsの世界にどうやってセキュリティのコントロールを組み込んでいくのかを設計段階から考え、DevSecOpsと呼ばれる自動運用の仕組みの中にセキュリティコントロールも組み込まれた仕組みが必要となります。

従来型のモノシリックなシステム開発の考え方では、システム開発後半のリリース前に外部のセキュリティ業者などにより、ソースコードレベルの脆弱性検査やネットワーク・サーバー基盤へのインフラレベルの脆弱性検査などが行われているケースが多いのが現状ですが、従来型システムと比較して開発サイクルの短いマイクロサービスの世界では、これらの自動化プロセスの中にセキュリティ検査ツールによる検査を組み込み、自動化を行っていくことが重要となります。

なお、これらの脆弱性検査のツールに関しては、クラウドレイヤーでの脆弱性検査のパートで紹介したツールなどが利用可能です。ただし、イメージ内へのマルウェアの混入などは従来型の脆弱性検査ツールなどでは検出が難しいケースもあるため、クラウドネイティブ統合セキュリティ管理ツールなどを利用してCI/CDパイプラインの複数ポイントで繰り返し評価などを行うことが望ましいと考えられます。

また、レジストリ内で複数バージョンのイメージの管理などを行っている場合には、間違って脆弱性を抱えた古いイメージなどが本番環境などにデプロイされないように注意が必要です。

コンテナレイヤーにおけるSecurity Automation

コンテナレイヤーにおけるSecurity Automationですが、前項で記載したDevSecOpsの考え方そのものがSecurity Automationの考え方といえます。従来型のセキュリティ対策の考え方では、セキュリティ部門は事後の検知や監査に業務の力点が置かれていましたが、このDevSecOpsの場合にはできる限り設計段階で、チェックするべき観点の整理などをセキュリティ専門家が実施し、運用自体はできる限り自動化していく考え方が重要なポイントとなります。

OpenShiftのセキュリティ

Kubernetesはオープンソースのコンテナオーケストレーションツールです。OpenShiftにはKubernetesがそのまま内包されています。Kubernetesには**Custom Resource Definition**という自身を拡張する機能を備えているので、OpenShiftはその機能を利用してKubernetesを拡張しています。

これまで説明してきたクラウドネイティブ環境では、セキュリティ保護においては、複数のレイヤーにおけるセキュリティ対策が関係します。OpenShiftは、エンタープライズ利用を想定したコンテナアプリケーションの開発から運用までの機能を統合したパッケージとなっています。OpenShiftでは、コンテナ化されたアプリケーションのセキュリティを保護するために、各レイヤーに対してセキュリティ対策が実装されており、今後もセキュリティに関する機能は追加されていきます。

本節では、NISTガイドに沿って、OpenShiftではどのような対策を取っているのか、説明します。詳細は、最新版の開発者ガイドも参考にしてください。

また、各システムで達成すべきセキュリティ要件を満たすためには、OpenShiftで実装されている機能以外にも、必要に応じて適切なセキュリティツールを選定し利用することが必要となります。OpenShiftで実装済みの機能を活用しつつ、要件に従ってその他サービスなどと組みわせてください。

OS

OpenShiftが採用しているホストOSは、コンテナが稼働するホスト向けに最適化されたRed Hat CoreOSという独自開発のオペレーティングシステムを使用しています。必要最小限のライブラリだけが稼働し、ほとんどのファイルシステムがリードオンリーになっていて、軽量かつセキュアなオペレーティングシステムです。

OpenShiftからは**Machine Config Operator**によって管理されるので、個別にオペレーティングシステムを管理する必要はありません。

コンテナランタイム

　コンテナランタイムには**CRI-O**が使用されています。CRI-Oはkubernetes向けに最適化されたコンテナエンジンで、軽量に稼働するだけでなく、セキュリティやパフォーマンスも向上させています。OpenShiftに完全に統合されており、コンテナエンジンを個別に管理する必要はありません。コンテナエンジンというとDockerが有名ですが、OpenShiftではCRI-Oをコンテナエンジンとして使用しています。CRI-OはOCI互換なのでDockerで構築されたコンテナを含むCOI互換のコンテナランタイムを稼働させることができます。

その他のセキュリティ対策

　その他のセキュリティ対策は次のようになります。

◆イメージリスク

　OpenShiftの利用者は、レッドハット社が脆弱性診断を行い、同社が認定した安全性の高いコンテナイメージを用いることができます。

◆レジストリリスク

　OpenShiftが同梱するコンテナレジストリへのアクセスは、ロールベースのアクセス制御を採用しているので、権限を適切に設定することにより、不正アクセスを防止することができます。

◆オーケストレーションリスク

　OpenShiftのオーケストレーション層へのアクセスは、強固な**SELinux**のセキュリティゾーンで保護されています。また、各プロセス間の通信においても**FIPS**に準拠した暗号化をもとにした通信が可能です。TLS1.2および1.3に準拠しており、それぞれのレイヤーでの通信が保護されます。

◆コンテナ・リスク

　コンテナ開発時に不正なコードを混入させないためには、CI/CDビルドパイプライン全体にわたっての適切な管理が必要です。OpenShiftのビルドパイプラインには、プラットフォームに一体化された**Source to Image(S2I)**が提供されており、ビルドプロセスを制御できます。強固に脆弱性をチェックする場合には、Quay ClairやIBM AppScan, Black Duck Hubなどのスキャニングツールを追加することも可能です。

本章のまとめ

本章では、従来型のモノシリックアーキテクチャと考え方が異なる点を中心に解説を行いましたが、侵入検知・防御やログ管理など、それ以外の対策などは従来型システム同様に考える必要があります。

基本的なアプローチとしてOSSを中心とした対策、商用ソフトウェアなどの活用、クラウドサービスプロバイダーが提供するマネージドサービスの利用などが考えられますが、どの方向性がベストかはケースバイケースのため、将来的な方向性などを考慮の上で対策方針を選定することを推奨します。特に、脆弱性管理およびコンプライアンスのチェックに関しては、CI/CDパイプラインの中にチェック機能を組み込み、自動的かつ継続的にリスク評価が可能な仕組みなどを組み込むシフトレフトの考え方が重要になります。

また、攻撃検知時の対応なども従来型のイベント駆動型の後追い検証ではなく、Webhookなどの外部アプリとの連携機能などを利用し、可能な限り自動化するというSecurity Automationの考え方などを取り込むことを推奨します。

本章の後半では、クラウドネイティブ環境の統合パッケージであるOpenShiftの関連機能などを紹介しました。このようなパッケージを利用することで運用面だけではなく、セキュリティ対策機能強化などのメリットも得られるので、全体アーキテクチャの検討時には選択肢の1つとして検討することをおすすめします。

索引

数字

A

B

C

D

E

F

H

I

J

K

L

M

N

O

P

R

S

T

U

あ行

か行

さ行

た行

な行

は行

ま行

や行

ら行

■著者紹介

さわはし まつお
澤橋 松王

1991年東京電機大学卒業後、日本IBM入社。2019年にIBM技術理事就任。インフラストラクチャーサービス部門にて、オファリング開発とアーキテクト部隊を統括。システム開発からインフラ設計構築、運用までシステムのフルライフサイクルを経験。長らく続いたサーバー技術からクラウドネイティブコンピューティングへの変革を進めるべく、お客様やIBMのシステム開発・運用チーム体制の革新をリード。主な著作に『OpenShift徹底活用ガイド』『OpenStack徹底活用テクニックガイド』（共にシーアンドアール研究所）がある。一般社団法人日本情報システム・ユーザー協会非常勤講師。公益財団法人ボーイスカウト日本連盟所属。

いわかみ たかし
岩上 隆志

1999年日本IBM入社。自動車業界の担当アーキテクトとして、アプリケーション基盤システムのソリューション提案、アーキテクチャ設計・構築など数多くのプロジェクトを経験。近年は製造・流通のお客様を中心にサイバーセキュリティ対策やクラウドセキュリティに関するソリューションデザイン、ゼロトラスト実現に向けたロードマップ作成など、セキュリティにフォーカスした活動をリード。現在はクラウドとセキュリティに関連する案件の提案とプロジェクト活動に従事。

こばやし ひろのり
小林 弘典

SIer、コンサルティング企業にて、サイバーセキュリティ業務に従事。インフラからアプリケーションまでのフルスタックでの開発に従事した後、コンサルタントに転向。サイバーリスクアドバイザリを主業務としたコンサルティングに従事。現職では、クラウドセキュリティ領域のエキスパートとして、クラウド開発案件と新規ソリューション開発をリード。CHAPTER 03、04の執筆を担当。

小幡（おばた） 学（まなぶ）

日系SIerで業務アプリケーション開発やセキュリティ監視サービスの立ち上げなどを経験後、外資系グローバル企業のIT部門でセキュリティ管理者などを担当。2007年にIBMに入社後は、Internet Security System事業部で自社製品及び監視サービスのプリセールス活動を担当。現在は大手金融機関専門のセキュリティソリューションアーキテクトとして中長期的なセキュリィ施策の検討支援などに従事中。主にCHAPTER 07の執筆を担当。

関（せき） 克隆（よしたか）

2009年日本IBMに入社。金融・保険系を中心に大規模なインフラ基盤の設計・構築・運用案件を担当。現在は、パブリッククラウド活用やサイト・リライアビリティ・エンジニアリングをベースとした運用改善のコンサルティングやクラウドネイティブなシステムに関する提案活動などに関わっている。主な著作に『OpenShift徹底活用ガイド』(シーアンドアール研究所)がある。休日はジュニアサッカーの育成に取り組んでいる。
博士(理学)、CKA(Certified Kubernetes Administrator)、CKAD(Certified Kubernetes Application Developer)、JFA公認D級コーチ、4級審判員。

編集担当 ： 吉成明久 / カバーデザイン ： 秋田勘助（オフィス・エドモント）
写真：©Vlad Kochelaevskiy - stock.foto

クラウドネイティブセキュリティ入門

2021年7月1日　　初版発行

著　者　澤橋松王、岩上隆志、小林弘典、小幡学、関克隆
発行者　池田武人
発行所　株式会社　シーアンドアール研究所
新潟県新潟市北区西名目所 4083-6（〒950-3122）
電話　025-259-4293　　FAX　025-258-2801
印刷所　株式会社　ルナテック

ISBN978-4-86354-349-2 C3055